プロが教える！

After Effects

モーショングラフィックス入門講座

CC 対応

SHIN-YU

川原健太郎・鈴木成治

Adobe Creative Cloud、Adobe After Effects、Adobe Media Encoder、Adobe Premiere Pro、Adobe Photoshop、Adobe Illustrator、Adobe Typekit はアドビシステムズ社の商標です。

Windows は米国 Microsoft Corporation の米国およびその他の国における登録商標です。

Macintosh、Mac、OS X、macOS は米国 Apple Inc. の商標または登録商標です。

その他の会社名、商品名は関係各社の商標または登録商標であることを明記して本文中での表記を省略させていただきます。

本書に掲載されている説明およびサンプルを使用して得られた結果について、筆者および株式会社ソーテック社は一切責任を負いません。個人の責任の範囲内にて実行してください。

また、本書の制作にあたり、正確な記述に努めていますが、内容に誤りや不正確な記述がある場合も、当社は一切責任を負いません。

本書の内容は執筆時点においての情報であり、予告なく内容が変更されることがあります。また、システム環境、ハードウェア環境によっては本書どおりに動作および操作できない場合がありますので、ご了承ください。

はじめに

本書を手に取っていただき、ありがとうございます。

After Effectsの前書「プロが教える！ After Effects デジタル映像制作講座」を書かせていただいてから、2年以上が過ぎました。

2年前と比べると、After Effectsを知っている、そして興味を持っている人がかなり増えたように思います。

当時はまだ、「モーショングラフィックス」という言葉もあまり一般的なものではなく、個人的な肌感覚としては、After Effectsというソフト自体の知名度もそれほど高くありませんでした。

いわゆる「映像業界のプロが使う少し敷居の高いソフト」といった位置付けにありました。

そのため前書では、まずAfter Effectsがどんなソフトなのかを軸に解説を進めました。

動画編集ソフトとの違い、どんな機能があって、どんなことができるのか、After Effectsの全体像を実際に触りながら、把握するような内容でした。

現在では、映像表現のひとつとしてモーショングラフィックスが主流となりつつあります。

モーショングラフィックスといえば代表的なツールがAfter Effectsなので、モーショングラフィックスを作りたいからAfter Effectsを覚えたいという流れができてきました。

そんな方々に向けて、本書を作成しました。

After Effectsの全体的な機能説明ではなく、モーショングラフィックス制作にフォーカスして、「このモーションを作るなら、このツールをこう使う」という流れで、モーショングラフィックス表現を作ることで、自然とAfter Effectsが使えるようになる書籍を目指して作り上げました。

華やかで一見複雑そうなモーショングラフィックスも、実際にバラしてみると、1つひとつはとてもシンプルな基本図形のアニメーションだったりします。それらを複製して色や大きさを変えたり、タイミングをずらしながら組み合わせることで、ワンランク上のモーションへと進化していきます。

本書では主に、よく使う基本的なアニメーションと、それに組み合わせるエフェクト表現を解説しています。

ここがマスターできれば、後は自由にそれらを組み合わせて、華やかなモーショングラフィックスが作れるようになります。

ぜひ、本書を最後まで進めて、モーショングラフィックス・ライフを楽しんでください！

2019年 夏

川原 健太郎

CONTENTS

はじめに……………………………………………………………………3

本書の使い方………………………………………………………………6

主に使用するショートカットキー……………………………………410

INDEX……………………………………………………………………412

サンプルファイルについて……………………………………………414

Chapter 1 【基礎編】After Effectsの基本と簡単なアニメーション作成………7

■ Section 1 ▪ 1 　After Effectsの特徴…………………………………………8

■ Section 1 ▪ 2 　本書を進める前に準備すること…………………………9

■ Section 1 ▪ 3 　1時間でわかるアニメーション制作の基本………………14

■ Section 1 ▪ 4 　データの保存と読み込み…………………………………36

Chapter 2 【初級編】シェイプアニメーション入門………………41

■ Section 2 ▪ 1 　図形アニメーションの作成………………………………42

■ Section 2 ▪ 2 　タイトルアニメーションの作成…………………………54

■ Section 2 ▪ 3 　アイコンアニメーション…………………………………70

■ Section 2 ▪ 4 　アイコンを変形する………………………………………84

■ Section 2 ▪ 5 　動きを装飾する……………………………………………105

■ Section 2 ▪ 6 　検索アニメーションの作り方……………………………114

Chapter 3 【中級編】シェイプとアニメーターを組み合わせる ……………… 133

Section 3 = 1 　リピーター演出 …………………………………………………… 134

Section 3 = 2 　シェイプの液体アニメーション ………………………………… 155

Section 3 = 3 　図形の組み合わせによるアニメーション ……………………… 185

Section 3 = 4 　テキストアニメーション ………………………………………… 215

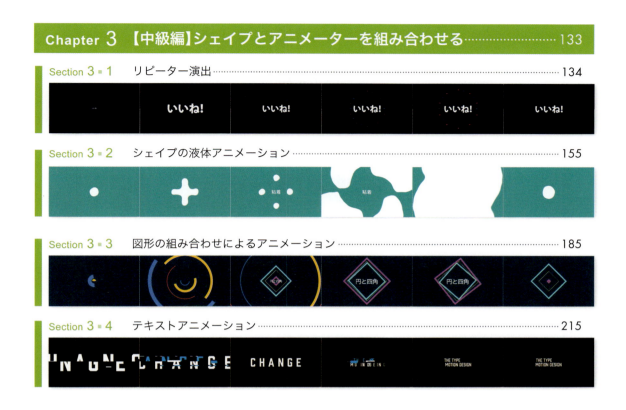

Chapter 4 【応用編】3Dアニメーション …………………………………… 255

Section 4 = 1 　After Effectsの3D空間 ………………………………………… 256

Section 4 = 2 　押し出しシェイプの3D …………………………………………… 281

Section 4 = 3 　3Dスマホの作り方 ………………………………………………… 296

Section 4 = 4 　3Dスマホのアニメーション ……………………………………… 319

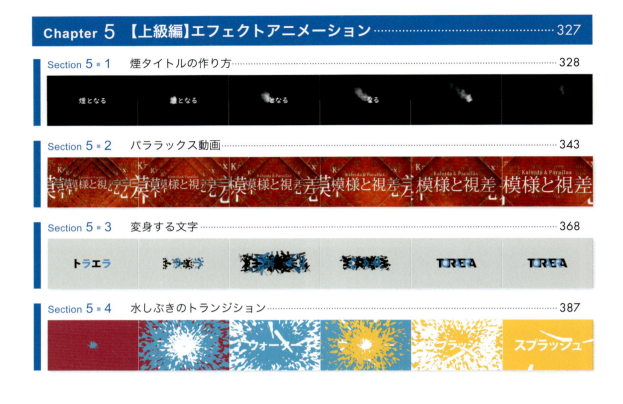

本書の使い方

　本書は、After Effectsのビギナーからステップアップを目指すユーザーを対象にしています。作例の制作を実際に進めることで、After Effectsの操作やテクニックをマスターすることができます。

●対応バージョンについて

　本書は、Windows版のAfter Effects CCによる操作で解説を進めています。CCにはいくつかバージョンがありますが、原稿執筆時点の最新バージョン「16.1.2」による解説になります。
　異なるバージョンを使用している場合、搭載されていない機能も本書の解説に含まれていることがあります。あらかじめご了承ください。

●キーボードショートカットについて

　キーボードショートカットの記載は、Windows 10の制作環境によるものです。ご自分の使用されている環境（Windows／macOS）に合わせて、キー操作を下のように置き換えて読み進めてください。
　また、巻末に掲載している「主に使用するショートカットキー」（410ページ）も合わせてお役立てください。

Windows	macOS
Ctrl キー	command キー
Alt キー	option キー
Enter キー	return キー

Chapter

1

【基礎編】
After Effectsの基本と
簡単なアニメーション作成

After Effectsをはじめよう

はじめにAfter Effectsの使い方について紹介します。
ソフトの特徴やインターフェイスを理解して、簡単なアニメーションを作成してみましょう！

Chapter 1 【基礎編】After Effectsの基本と簡単なアニメーション作成

Section 1

1

After Effectsの特徴

After Effectsは、ひとことで言えばモーショングラフィックスとVFX（ビジュアル・エフェクツ）を制作できるソフトウェアです。**モーショングラフィックス**とは文字や図形、写真、イラストなどのグラフィック素材を動かして作るアニメーション映像のことで、**VFX**は映像に光や炎などの特殊効果を合成したり、素材を合成して1つの映像を制作することです。
さまざまな映像表現を高品質な形で求められる映画、CM、TV番組、ゲーム、アニメなど、プロフェッショナルの映像制作の現場で、After Effectsは幅広く使われています。

動画編集ソフトではない

After Effectsをはじめて使う方がよく疑問に思うのが、動画編集ソフトとはどう違うのかです。
「After Effectsと同様に、Adobe Creative Cloudに含まれている動画編集ソフト**Premiere Pro**とは何が違うのか？」「After Effectsだけで動画編集はできないのか？」といった質問をよくいただきます。

結論から言うと、After Effectsだけでも動画編集はできます。ただ、それはソフトウェアの機能面から見て、動画を編集できる機能が「ある」か「ない」かという視点から「ある」というだけで、After Effectsが動画編集を行うのに最適なツールかどうかという話ではありません。言い換えると「After Effectsは動画編集には向いていない」「Premiere Proは動画編集をするためのツール」ということです。

動画編集に向かない理由

After Effectsが動画編集に向いていない一番の理由は、動画のプレビュー方法にあります。After Effectsでは、動画を再生してプレビューする際に、タイムラインの動画を演算処理しながら再生するので時間がかかります。一度演算処理した部分は次からリアルタイムで再生できますが、動画に少しでも変化を加えると、再び演算処理しながらのプレビューになります。これは、複雑なアニメーションや精密な合成など、負荷の高い処理をプレビューできるように最適化されたシステムで、モーショングラフィックスやVFXの制作を目的としたAfter Effectsならではの特徴です。

Premiere Proでは、動画のプレビューをリアルタイムで行うことができます。動画編集を目的としたツールなので、動画をリアルタイムでプレビューしながらサクサク編集できるようなシステム設計となっています。その反面、After Effectsが得意とするモーショングラフィックスやVFXを駆使した映像制作は不得手です。
そのため、After EffectsとPremiere Proなどの動画編集ソフトを組み合わせて映像作品を制作するのが一般的です。

例えば、1分程度の短い動画なら、After Effectsだけでもさほどストレスなく編集しながら制作することができますが、1時間以上撮影した動画素材を10分の映像に編集するといった長尺の映像制作では、作業効率が非常に悪くなってしまいます。

無から映像を作る

After Effectsを使えば、素材が何もない状態からでも動画を作ることができます。
文字・図形・イラストなどに動きを付ける。そして色や大きさ、動きのパターンをいくつか作ってそれらを組み合わせる。アイデア次第で様々な表現を作ることができます。

無から華やかな動画が作れるのが、モーショングラフィックスの楽しさでもあります。

8

Section 1-2　本書を進める前に準備すること

Section 1-2　本書を進める前に準備すること

After Effectsは数多くの機能を備えたソフトウェアです。そのため、ソフトウェアの操作画面にはパネル（画面）がたくさんあり、パッと見ただけで難しそうな印象を受けてしまいます。
本書では、最初に操作画面を改善して必要最小限のパネル表示にすることで、シンプルにAfter Effectsを習得できるようにしました。ある程度使い慣れてきたら、自分の使いやすいようにパネル表示や操作画面のレイアウトをカスタマイズしてください。

01　操作画面をシンプルに設定する

After Effectsを起動します **1**。
2 は、スタート画面を閉じると表示される最初に起動したインターフェイスの状態です。
本書を進めるに当たって、おすすめの画面設定を行います。
【ウィンドウ】メニューを表示して、以下の項目だけチェックを入れます **3**。

【ツール】	【エフェクトコントロール：（なし）】
【整列】	【コンポジション：（なし）】
【文字】	【タイムライン：（なし）】
【段落】	【プロジェクト】

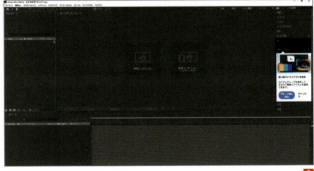

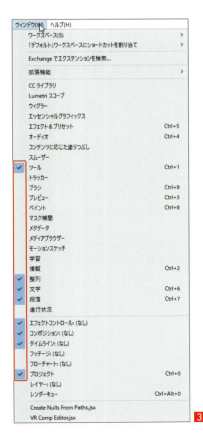

9

02 パネルのレイアウトを変更する

それぞれのパネルの上部をドラッグして、以下のように移動します。

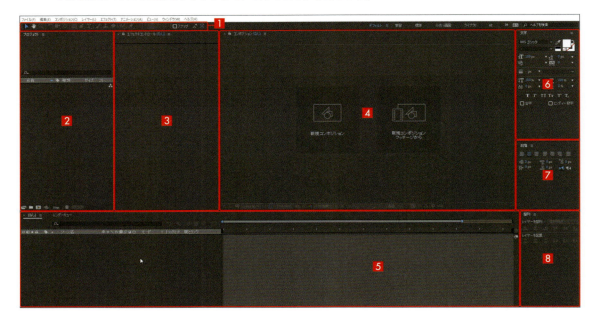

パネル名	画面配置	説明
【ツールパネル】1	移動なし	After Effectsで使用するツールが表示されています。各アイコンをクリックすることでツールを切り替えて使用します。
【プロジェクト】パネル2	移動なし	制作で使用する素材を管理します。
【エフェクトコントロール】パネル3	パネルの上部をドラッグして【プロジェクト】パネルの右に移動します。	視覚効果などのエフェクトを適用して設定する際に使用します。
【コンポジション】パネル4	移動なし	編集操作やプレビュー画面として使用します。
【タイムライン】パネル5	移動なし	タイムラインに素材を並べて、編集やアニメーション設定を行います。
【文字】パネル6	パネルの上部をドラッグして右上に移動します。	配置した文字のフォント、サイズ、字間、行間などの設定に使用します。
【段落】パネル7	パネルの上部をドラッグして【文字】パネルの下に移動します。	配置した文字の段落を設定するのに使用します。
【整列】パネル8	パネルの上部をドラッグして右下に移動します。	映像に配置した文字やグラフィック素材を均等に配置するのに使用します。

これで、操作画面のレイアウト設定が完了しました。

03 レイアウト設定を保存する

【ウィンドウ】メニューの【ワークスペース】から【新規ワークスペースとして保存】を選択します **1**。
【新規ワークスペース】ダイアログボックスでワークスペースの名称を入力します **2**。
[OK] ボタンをクリックすると **3**、ワークスペースのレイアウト設定が保存されます **4**。

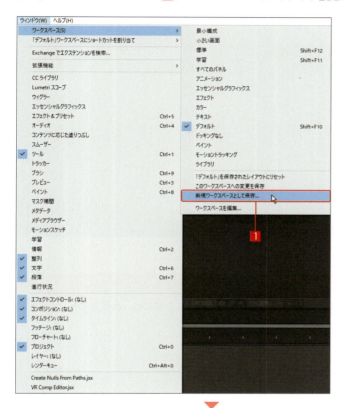

環境設定について

筆者の推奨設定として、【編集】メニューの【環境設定】→【一般設定】（Ctrl + Alt + ;キー）を選択して、【環境設定】ダイアログボックスの【一般設定】パネルで下記の3点を設定してください。

【初期設定の空間補間法にリニアを使用】1 と【アンカーポイントを新しいシェイプレイヤーの中央に配置】2 にチェックを入れます。また、【ホーム画面を有効化】3 のチェックを外します。

設定が終わったら、右上の【OK】ボタンをクリックして、ダイアログボックスを閉じます 4。

フォントについて

本書の作例に使用しているフォントは、すべて「**Adobe Fonts**」から利用できます。最初に、必要なフォントをインストールします。

ブラウザで「**Adobe Fonts**」（https://fonts.adobe.com/）にアクセスします 1。
検索窓に【源ノ角】と入力して 2、検索します 3。
表示された【源ノ角ゴシック】ファミリーの【アクティベート】をクリックして 4、フォントをアクティブにします。

「Adobe Fonts」にログインしていない場合には、メールアドレスとパスワードを求められるので、入力してログインします 5。

【OK】ボタンをクリックすると⑥、フォントがインストールされてAfter Effectsで使用できるようになります⑦。

本書で使用する下記のフォントをすべて検索して、アクティブにしてください。

源ノ角ゴシック、TBカリグラゴシック、小塚ゴシック、小塚明朝、小塚ゴシック、平成角ゴシック、TB新聞ゴシック、Prohibition、Agency FB、VDL V7ゴシック、Open Sans

フォントを上手に使うために

文字は入力した内容によって文字のバランスが悪い場合があります。

特にひらがな・カタカナ・漢字・英数文字など、複数の字体を組み合わせて表現する日本語のテキストでは、特に重要となります。

必ず意識してほしいのが、【字間】（文字の間隔）です。文字を入力したら、文字と文字の間隔のバランスを確認します。

自動で文字の間隔を整えてくれる【メトリクス】は、日本語フォントでは好ましい結果にならないことが多いので、【0】に設定します。

文字カーソルが文字の間にある状態で、Altキーを押しながら矢印キー←→を押すと、文字の間隔を縮めたり広げたり調整することができます。

文字を入力してフォントとサイズを変更するだけでなく、必ず字間の間隔を確認して調整するようにしてください。

Section 1-3 1時間でわかるアニメーション制作の基本

After Effectsには、たくさんの機能と専門用語があり、どこから手を付けてよいのかわからないまま、挫折してしまう人も少なくありません。
そこで、まずは細かいことは一旦忘れて、アニメーションができるまでの全工程を約1時間で実践することで、After Effectsの全体像を把握してみましょう。

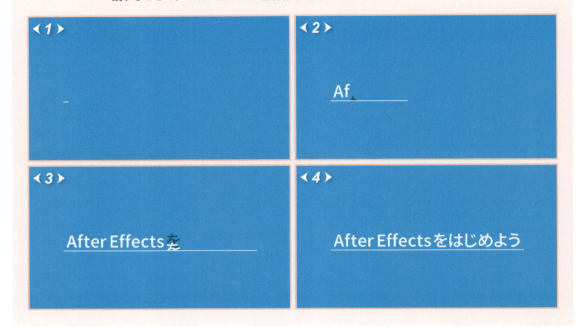

制作の流れ

After Effectsの制作の流れは、大きく3つの工程があります。

 コンポジションを作成する

 アニメーションを作成する

 動画を書き出す

これから1時間で1つのアニメーション動画を完成させます。
専門用語がわからなくても、まずはそのまま真似して作ってみましょう。

Section 1-3　1時間でわかるアニメーション制作の基本

コンポジションを作成する

1 コンポジションの設定

画面中央にある【コンポジション】パネルの【新規コンポジション】（Ctrl＋Nキー）を選択して❶、【コンポジション設定】ダイアログボックスの【基本】タブにある【コンポジション名】に【1-3】と入力します❷。
【プリセット】から【HDTV 1080 29.97】を選択して❸、【デュレーション】に6秒【0;00;06;00】と入力し❹、[OK]ボタンをクリックします❺。これで、6秒のコンポジションが作成されました。
このコンポジションの中でアニメーションを作成します。「何も映っていない真っ黒な6秒の動画」を作ったと考えてください。

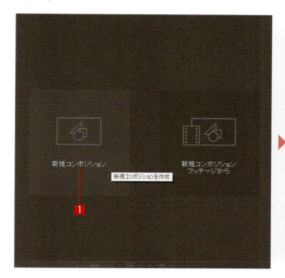

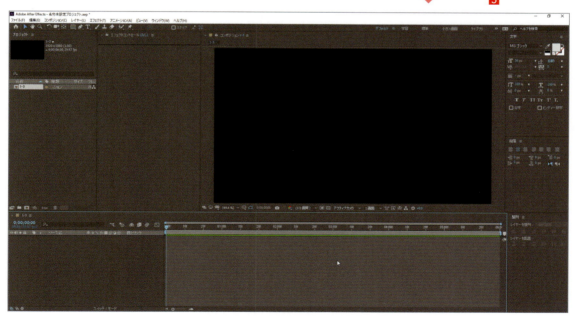

15

2 背景の作成

【レイヤー】メニューの【新規】→【平面】（Ctrl+Yキー）を選択して❶、【平面設定】ダイアログボックスの【名前】に【背景】と入力します❷。

【カラー】を【#00A5DF】に設定して❸、【OK】ボタンをクリックすると、【タイムライン】パネルに水色の平面が配置されます❹。

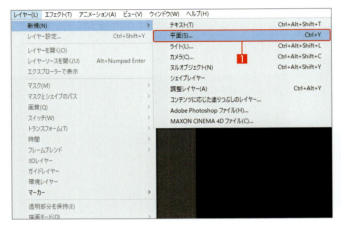
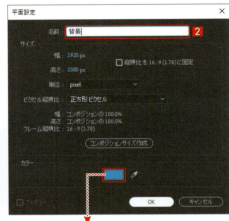

Step 2 文字が一文字ずつ移動するアニメーション

1 文字を入力してフォントを指定する

【ツールパネル】から【横書き文字ツール】（Ctrl+Tキー）を選択すると❶、コンポジションに文字を入力できます。

【コンポジション】パネルのプレビュー画面をクリックすると、画面上にカーソルが点滅して文字入力できる状態になるので、そのまま「After Effectsをはじめよう」と入力します❷。

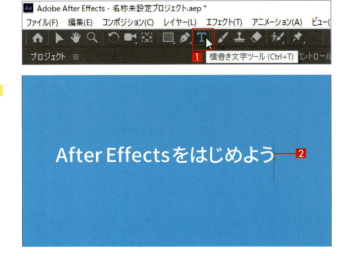

次に【ツールパネル】から【選択ツール】を選択して3、【タイムライン】パネルのテキストレイヤーをクリックして選択します4。
【文字】パネルで文字を設定します。【フォント】からフォント名を選択すると、【コンポジション】パネルのプレビュー画面にある文字のフォントが変わります。なお、選べるフォントは、お使いのパソコンにインストールされているものに限ります。ここでは、【源ノ角ゴシック Medium】を使用しています5。※フォントのインストールは、12ページを参照

2 文字の色とサイズを指定する

【文字】パネルの【塗り】（カラー）をクリックして1、【テキストカラー】ダイアログボックスで白【#FFFFFF】を選択します2。色が決定したら【OK】ボタンをクリックして3、【テキストカラー】ダイアログボックスを閉じます。
また、【フォントサイズを設定】の数値に【120】（px）を指定します4。

入力した文字のバランスも確認します。
※文字のバランス調整は、13ページを参照

3 文字を画面の中央に配置する

【整列】パネルの【水平方向に整列】をクリックして 1、画面横の中央に配置します。
さらに、【垂直方向に整列】をクリックして 2、画面縦の中央に配置します。
これで、タイトル文字が画面の中央に配置されます 3。

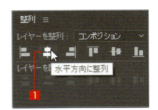

4 一文字ずつ移動するアニメーション

【タイムライン】パネルの【プレビュー時間】をクリックすると 1、時間を入力できる状態になるので 2、【0;00;00;15】と入力します 3。
Enter キーを押すと、【タイムライン】パネルの【現在の時間インジケーター】が15フレームの位置に移動します 4。

【After Effectsをはじめよう】レイヤーを右にドラッグして、レイヤーの開始位置(左端)を【現在の時間インジケーター】のある15フレームの位置にドラッグして移動します。5。【After Effectsをはじめよう】レイヤーを開き6、【アニメーター】の右にある▶をクリックして7、【位置】を選択すると8、【アニメーター1】が追加されます9。

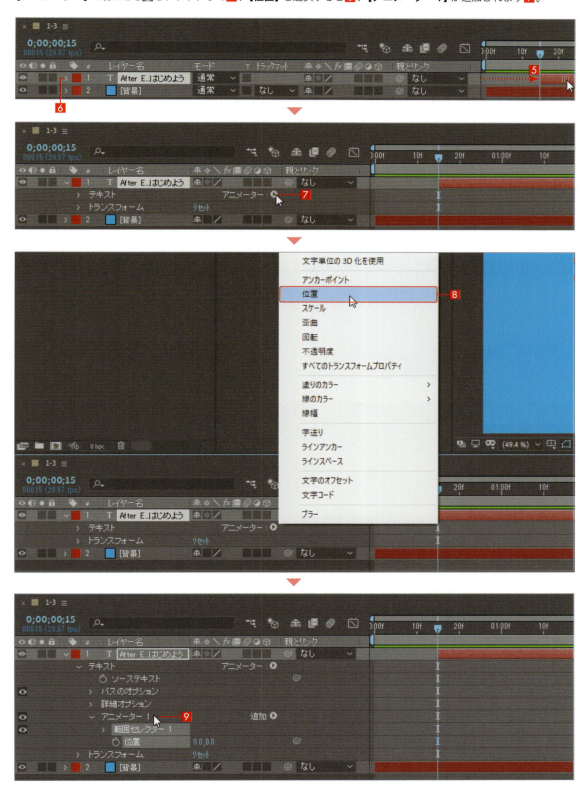

【アニメーター1】タブを開き❿、【位置】のy軸の数値をクリックして【200】と入力すると⓫、文字の位置が下がります⓬。【範囲セレクター1】タブを開き⓭、【開始】の左にある【ストップウォッチ】をクリックすると⓮、【タイムライン】パネルの左端（15フレーム）にキーフレームが設定されます⓯。キーフレームは、現在の状態を記録した点です。ここでは、「範囲セレクターの選択範囲の開始位置が0%」と記録されています。

💡 TIPS 範囲セレクターとは？

【範囲セレクター】は、選択されている範囲に対して【アニメーター】で指定した効果を適用します。逆にいえば、【範囲セレクター】の範囲外では【アニメーター】の効果が反映されず、【アニメーター】効果の範囲を制限することができます。

💡 TIPS レイヤーの移動方法

レイヤーをドラッグして左右に動かすと、タイムラインの時間の前後に移動できます。また、レイヤーを選択した状態で[（大括弧の開く）キーを押すと、レイヤーの開始位置（左端）を【現在の時間インジケーター】の位置に配置できます。

【プレビュー時間】をクリックして⓰、【0;00;04;15】と入力します⓱。Enterキーを押すと、【タイムライン】パネルの【現在の時間インジケーター】が4秒15フレームの位置に移動します⓲。
この状態で【開始】の数値をクリックして⓳、【100】と入力すると⓴、文字が上昇して配置されるアニメーションが完成します。

再生して確認してみましょう。【現在の時間インジケーター】をドラッグして【タイムライン】パネルの左端に移動し、キーボードの□キー（スペースキー）を押すと再生し、もう一度押すと停止します。【範囲セレクター】の範囲を狭めると、【アニメーター】効果の範囲から外れた文字が一文字ずつ元の位置に戻ることで、このような動きとなります。

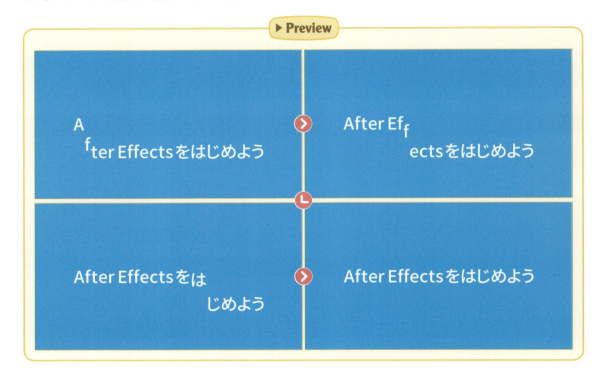

5 弾むアニメーション

【After Effectsをはじめよう】レイヤーを開いて【アニメーター】の右にある▶をクリックし 1、【位置】を選択すると 2、【アニメーター2】が追加されます。

【アニメーター2】タブを開き❸、【位置】のy軸の数値をクリックして【-56】と入力します❹。
【プレビュー時間】をクリックして、【0;00;00;17】と入力します❺。Enterキーを押すと、【タイムライン】パネルの【現在の時間インジケーター】が17フレームの位置に移動します❻。【範囲セレクター1】タブを開いて【開始】の数値をクリックして【0】と入力し❼、【開始】の左にある【ストップウォッチ】をクリックすると❽、【タイムライン】パネルの左端（17フレーム）にキーフレームが設定されます❾。

続けて【プレビュー時間】をクリックして、【0;00;04;17】と入力します❿。Enterキーを押すと、【現在の時間インジケーター】が4秒17フレームの位置に移動します⓫。この状態で、【開始】の数値をクリックして【100】と入力すると⓬、キーフレームが設定されます⓭。これで、文字が上昇してから、少し下降して配置されるアニメーションの完成です。

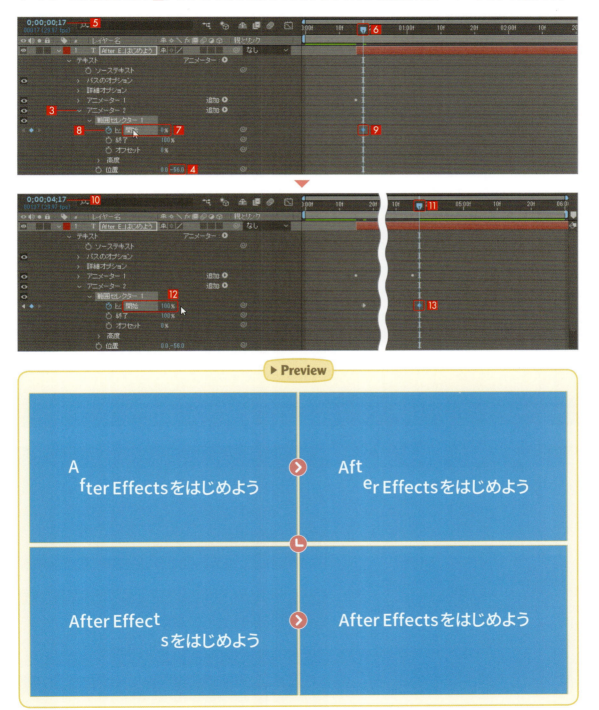

Chapter 1 【基礎編】After Effectsの基本と簡単なアニメーション作成

6 マットで文字を隠す

【レイヤー】メニューの【新規】➡【平面】（Ctrl + Y キー）を選択して 1、【平面設定】ダイアログボックスの【名前】に【マット】と入力します 2。【カラー】を【#FF0000】に設定すると 3、【タイムライン】パネルに赤色の平面（【マット】レイヤー）が作成されます 4。

次に、作成した赤の平面で文字を覆い隠すように設定します。【現在の時間インジケーター】を15フレームに移動し、【マット】レイヤーを右にドラッグして、レイヤーの開始位置（左端）を15フレームに移動します 5。

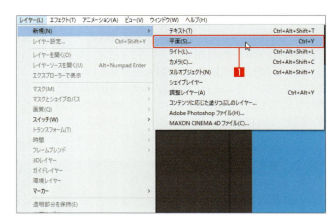

【マット】レイヤーにある【トランスフォーム】タブを開いて 6、【位置】のy軸の数値をクリックして、【1135】と入力します 7。

【タイムライン】パネルの左下にあるアイコンの二つ目【転送制御を表示または非表示】をクリックすると 8、【トラックマット】の設定パネルが表示されます 9。

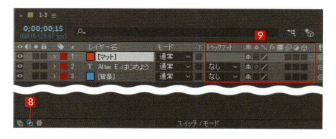

Section 1-3　1時間でわかるアニメーション制作の基本

【コンポジション】パネルでは、赤の平面で文字を覆い隠されたことが確認できます⑩。

【After Effectsをはじめよう】レイヤーの右にある【トラックマット】のモードを⑪、【なし】から【アルファ反転マット"[マット]"】に変更します⑫。

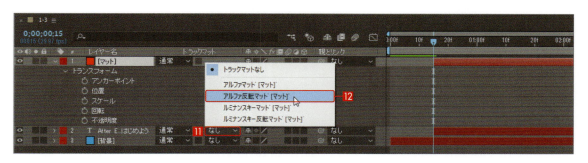

これで、何もない場所からテキストが跳ね上がってくるアニメーションができました。アルファ反転マットに設定した赤の平面の範囲は文字が表示されなくなるので、このような出現アニメーションとなります。

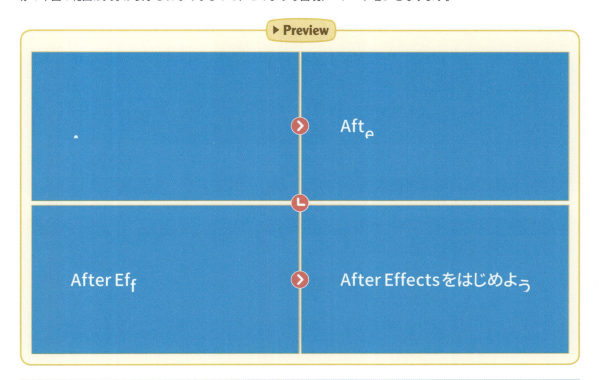

▶ Preview

TIPS トラックマットを使用した画像合成

トラックマットは、素材の形状を使って対象となるレイヤーの表示/非表示を切り換えることができます。
ここで使用した「アルファ反転マット」は、シェイプが透明になる上にレイヤーを隠すことができるので、画面の好きな場所からテキストやグラフィックスなどを表示させる場合に役に立ちます。

7 アレンジ演出を加える

【マット】レイヤーを選択した状態で、Shiftキーを押しながら【After Effectsをはじめよう】レイヤーをクリックすると、両方のレイヤーを選択できます❶。
【After Effectsをはじめよう】レイヤーと【マット】レイヤーを選択した状態で、【編集】メニューの【複製】（Ctrl＋Dキー）を選択すると❷、選択したレイヤーを複製することができます❸。
【プレビュー時間】をクリックして、【0;00;00;10】と入力します❹。Enterキーを押すと、【タイムライン】パネルの【現在の時間インジケーター】が10フレームの位置に移動します❺。
複製された【After Effectsをはじめよう2】レイヤーと【マット】レイヤーを左にドラッグして、レイヤーの開始位置（左端）を【現在の時間インジケーター】のある10フレームの位置に移動します。複製元のレイヤーとタイミングをずらします❻。※レイヤー自体を移動させます。レイヤーの端を引っ張って伸ばしてはいけません。

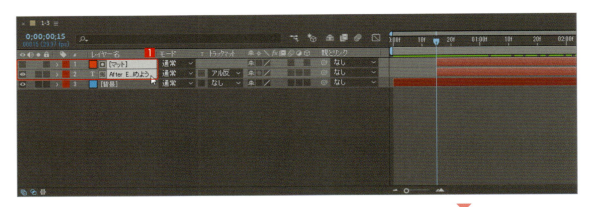

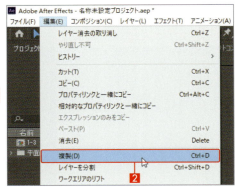

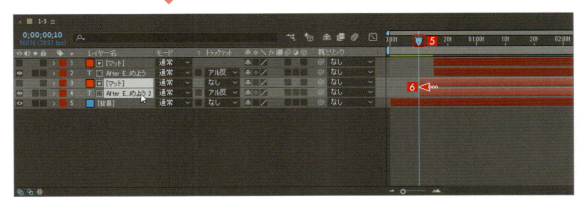

Section 1-3　1時間でわかるアニメーション制作の基本

複製した【After Effectsをはじめよう2】レイヤーを選択して、【文字】パネルの【塗り】（カラー）をクリックして 7、暗い水色【#077399】を選択して文字の色を変えます 8。
色が決定したら［OK］ボタンをクリックして 9、【テキストカラー】ダイアログボックスを閉じます。

これで、テキストアニメーションが完成しました。
タイミングをずらした色違いのアニメーションを重ねるアレンジ演出です。

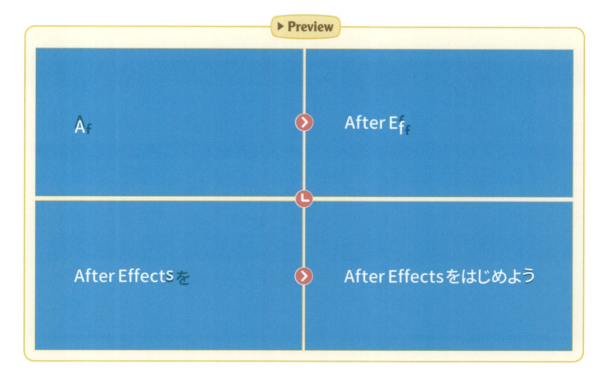

8 線アニメーションを作成する

【ペンツール】 を選択して■、テキスト最初の文字「A」の左下をクリックします■。
続けて、テキストの最後の文字「う」の右下をShiftキーを押しながらクリックすると点と点が結ばれて■、線の【シェイプレイヤー1】が作成できました■。

9 線が描かれるアニメーション

【タイムライン】パネルで【シェイプレイヤー1】のレイヤーを開いて、【コンテンツ】にある【線1】タブを開き■、【線幅】の数値を【5】と入力します■。

【シェイプ1】を選択した状態で【コンテンツ】の【追加】の右にある▶をクリックして❸、【パスのトリミング】を選択すると❹、【パスのトリミング1】が追加されます❺。

【パスのトリミング1】を選択したままドラッグして、【塗り1】の下に配置します❻。

【プレビュー時間】をクリックして、【0;00;00;00】と入力します❼。Enterキーを押すと、【タイムライン】パネルの【現在の時間インジケーター】が0秒の位置に移動します❽。

この状態で【パスのトリミング1】タブを開き❾、【終了点】の数値をクリックして【0】と入力します❿。

【終了点】の左にある【ストップウォッチ】をクリックすると⓫、【タイムライン】パネルの左端（0秒）にキーフレームが設定されます⓬。

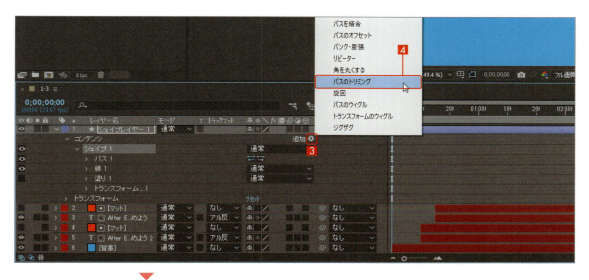

【プレビュー時間】をクリックして、【0;00;02;00】と入力します13。Enterキーを押すと、【タイムライン】パネルの【現在の時間インジケーター】が2秒の位置に移動します14。
この状態で、【終了点】の数値を【100】と入力すると15、線が出現して左から右へ流れていくアニメーションの完成です。
【パスのトリミング】で線の範囲を0から100にすることでこのように線が伸びるような表現となります。

10 動きの速度を調整する

動きの速度を調整します。現在は移動の速度が常に一定な状態ですが、【イーズ】を使って、加速や減速を表現します。
【0秒】のキーフレームを選択して1、Shiftキーを押しながら【2秒】のキーフレームをクリックし、2つのキーフレームを選択した状態にします2。
選択したキーフレームの上で右クリックして【キーフレーム補助】→【イージーイーズ】（F9キー）を選択すると3、キーフレームの形が変わりました4。

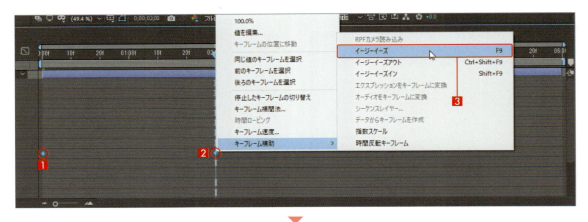

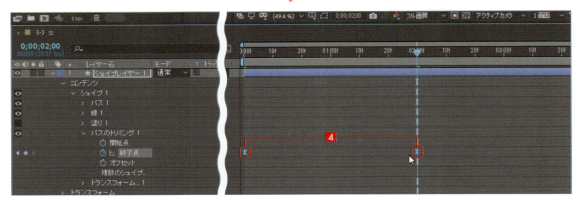

設定が終わったら、【シェイプレイヤー1】のレイヤーをドラッグして【背景】レイヤーの上に配置し 5 、レイヤーの順序を整えます。

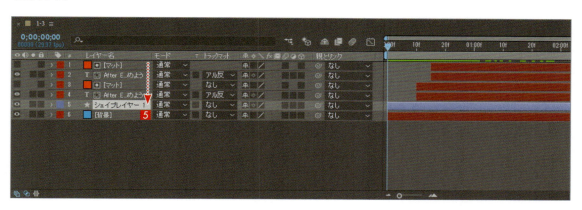

これで、すべてのアニメーション制作の完成です。

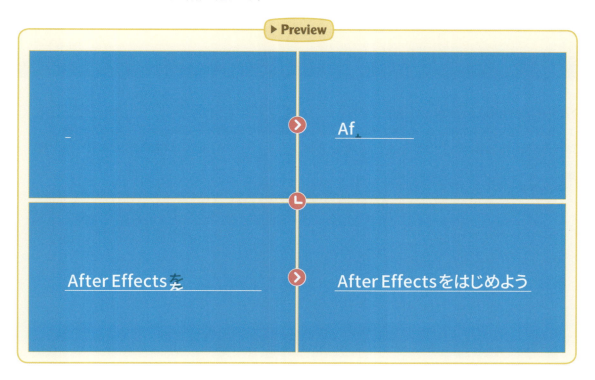

Chapter 1 【基礎編】After Effectsの基本と簡単なアニメーション作成

動画を書き出す

最後に、制作したアニメーションを動画ファイルとして書き出します。
After Effectsの各パネルは、空白の部分をクリックするとパネルが選択された状態になります。
【タイムライン】パネルの空白をクリックしてパネルを選択した状態にすると❶、パネルの縁が青い線で囲まれます❷。

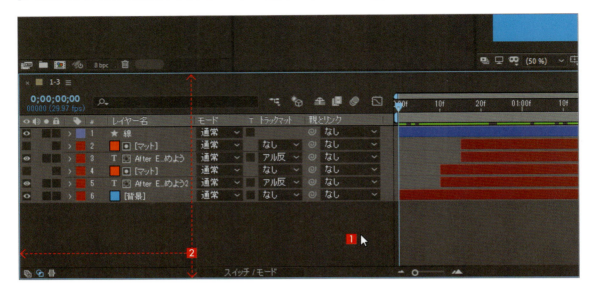

❶【Adobe Media Encoder】を起動する

この状態で、【ファイル】メニューの【書き出し】➡【Adobe Media Encoder キューに追加】を選択します❶。
【Adobe Media Encoder】を起動して、少し待つと自動的に【キュー】が追加され、【準備完了】と表示されます❷。

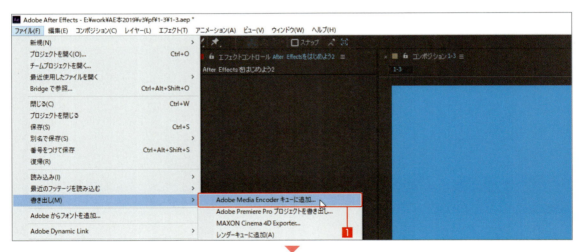

Section 1-3　1時間でわかるアニメーション制作の基本

【キュー】は、動画を書き出す処理の設定です。
【形式】にある形式名（ここでは**H.264**）クリックすると、
【書き出し設定】パネルが表示されます **3**。
今回は、YouTube用のMP4設定で動画を作成します。
【形式】から【**H.264**】**4**、【プリセット】から【**YouTube 1080p フルHD**】を選択します **5**。
これで、標準的なYouTube設定が読み込まれました。

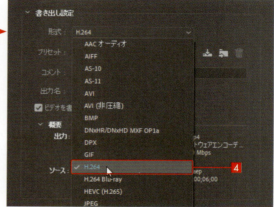

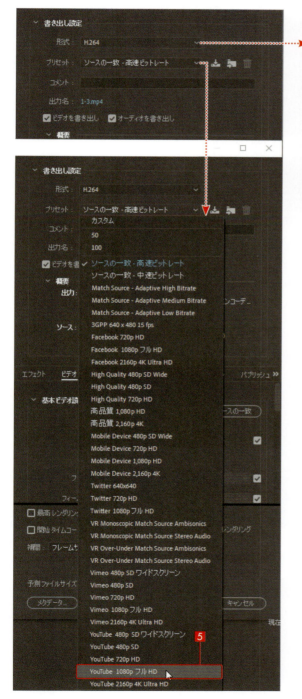

2 動画を書き出す

書き出した動画の保存先を設定します。【**出力名**】の項目をクリックして開き、【**別名で保存**】ダイアログボックスで保存先（ここでは、【**PC**】➡【**ビデオ**】フォルダー）を指定して、[**保存**]ボタンをクリックします **1**。

【**書き出し設定**】パネルの一番下にある［**OK**］ボタンをクリックして **2**、パネルを閉じます。

設定が完了したら、【**キューを開始**】をクリックするか **3**、Enterキーを押して、書き出し処理を開始します。

書き出し処理にかかる時間は、作成したアニメーションの長さ・複雑さ・パソコンの処理能力など、さまざまな要因で変わります4。

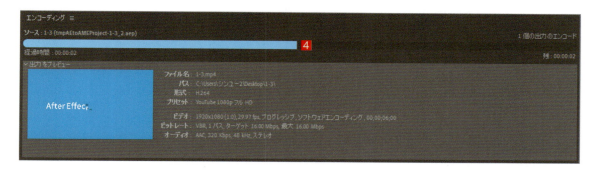

【ステータス】が【完了】になると、動画が完成しています5。
【出力ファイル】のリンクをクリックして、保存先のフォルダーを開きます。
これで、アニメーション動画の完成です。再生して確認しましょう。

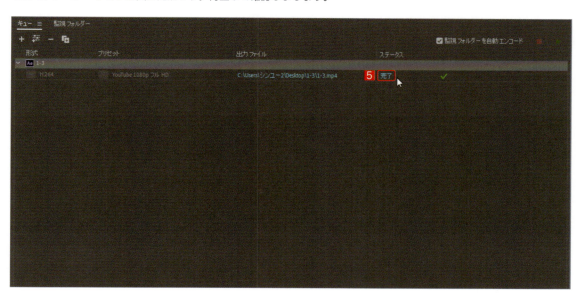

TIPS 書き出したファイルを再生する

書き出された動画ファイルは、「映画＆テレビ」や「QuickTime Player」などの動画再生ソフトで再生することができます。

Chapter 1 【基礎編】After Effectsの基本と簡単なアニメーション作成

データの保存と読み込み

Section 1-4

After Effectsで行った制作作業はいつでも保存して中断することができます。ここで、データの保存と読み込み方法を説明します。

01 作業データの保存

【ファイル】メニューの【保存】（Ctrl + S キー）を選択して ❶、作業データを保存します。

【別名で保存】ダイアログボックスで保存先を選択して ❷、【ファイル名】にわかりやすい名前を付けます ❸。【ファイルの種類】で【Adobe After Effests プロジェクト】を選択して ❹、[保存] ボタンをクリックすると ❺、設定した保存先に【ファイル名.aep】が作成されます ❻。このAEPファイルが、作業データを保存したデータです。

一度保存したデータから再開した場合は、【ファイル】メニューの【保存】（Ctrl + S キー）を選択すると、データの上書き保存となります。

元の状態のデータを残しておきたいときは、【ファイル】メニューの【別名で保存】 ➡ 【別名で保存】（Ctrl + Shift + S キー）を選択し ❼、名前を変えて保存します。

ファイル名の後にバージョンの数字（ファイル名_01.aep）、日付などを付けると（ファイル名_0123.aep）、わかりやすくなります ❽。

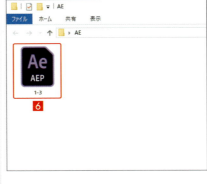

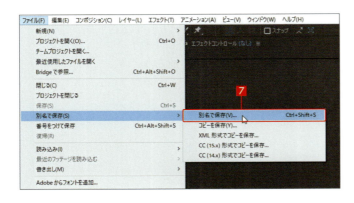

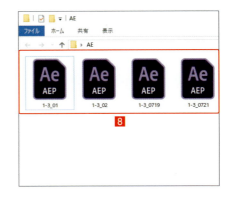

Section 1-4 データの保存と読み込み

02 作業データの読み込み

　After Effectsを起動して、AEPファイルを読み込みます。【ファイル】メニューの【プロジェクトを開く】（Ctrl＋Oキー）を選択します①。
【開く】ダイアログボックスで読み込むAEPファイルを選択して②、【開く】ボタンをクリックすると③、作業データが読み込まれます④。

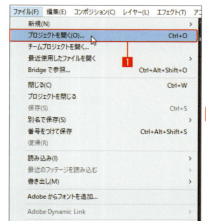

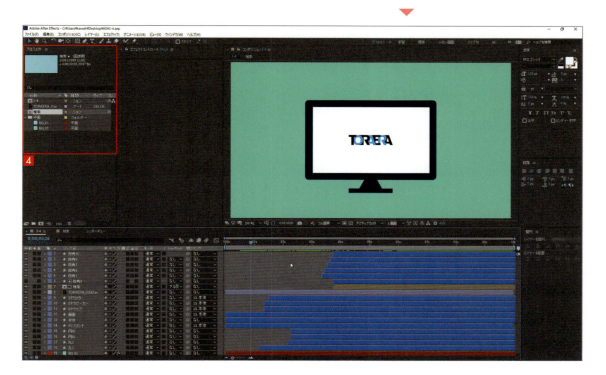

03 作業データ保存の注意点

　After Effectsの作業は、パソコンや外付けハードディスクなどに保存したさまざまな素材データを読み込んで制作を行います。そのため、AEPファイルを保存した後に素材データの保存先やファイル名の変更を行うと、作業を再開したときに素材のリンクが切れてしまい、正常に開けなくなります。

After Effectsで使用している素材ファイルは、移動したり名前を変えないように注意が必要です。

04 素材リンクの再設定

　After Effectsで素材のリンクが切れて読み込めなくなった場合には、リンクを再設定します。
リンクが切れたプロジェクトファイルを開くと、警告のダイアログボックスが表示されます**1**。
そのまま開くとリンクが切れた素材は**カラーバー表示**となり、正常に表示されません**2**。
この場合は、【プロジェクト】パネルのリンクが切れた素材を選択して右クリックし、【フッテージの置き換え】➡【ファイル】（Ctrl＋Hキー）を選択します**3**。

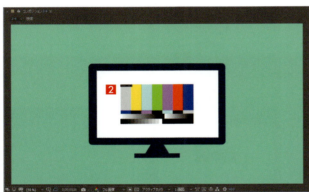

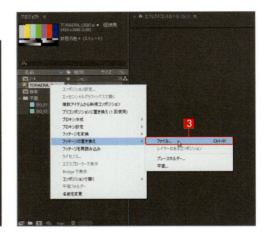

【フッテージファイルを置き換え】ダイアログボックスで使用していた**素材データを選択**して**4**、[読み込み]ボタンをクリックします**5**。
確認のダイアログボックスが表示されるので、[OK]ボタンをクリックします。
なお、同じフォルダー内にある複数のファイルがリンク切れしたときは、1つのリンクを修復すると他のリンクも自動的に修復されます。

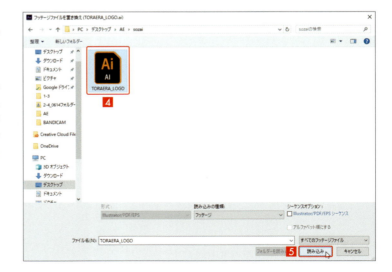

素材の再設定が完了し、正常に読み込まれました⑥。

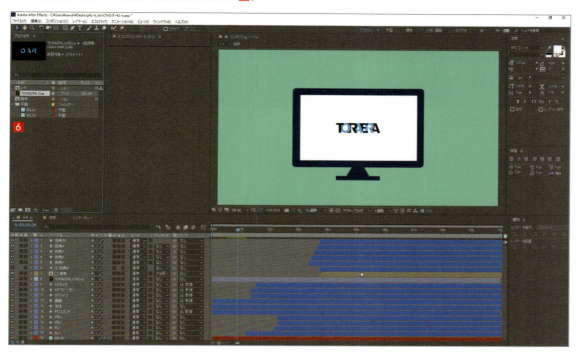

05 素材ファイルを収集して保存

　After Effectsでは、使用した素材を収集（まとめてコピー）して保存することができます。
すべての素材を収集することでリンク切れの心配がなくなります。リンク切れの心配はなくなりますが、素材データをコピーするため、保存データのサイズが大きくなります。完成した作業データをバックアップするときにおすすめです。
【ファイル】メニューの【依存関係】➡【ファイルを収集】を選択して①、素材ファイルを収集して保存します。
「プロジェクトを先に保存する必要があります。保存しますか？」というダイアログボックスが表示されるので、[保存]ボタンをクリックします②。
【ファイルを収集】ダイアログボックスで【ソースファイルを収集】から【すべて】を選択して③、[収集]ボタンをクリックします④。

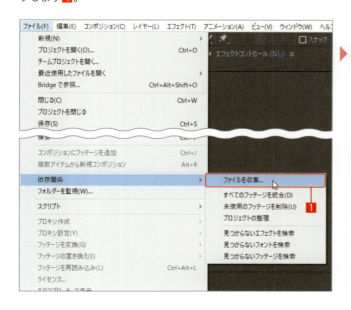
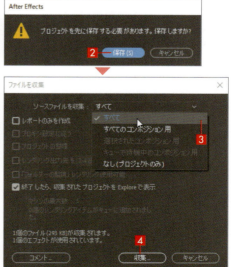

【フォルダーにファイルを収集】ダイアログボックスで保存先を選択して 5 、[保存]ボタンをクリックします 6 。

保存先に【[ファイル名]フォルダー】が作成されました。フォルダーの中には【AEPファイル】 7 と【(フッテージ)】フォルダー 8 があり、すべてのリンク素材が保存されています。
この収集フォルダーでバックアップを行います。

Chapter 2

【初級編】
シェイプアニメーション入門

モーショングラフィックスの基礎となる、図形と文字を動かしたり変形させて組み合わせるシェイプアニメーションを作成します。この基礎を覚えるだけでも、様々なバリエーションのモーショングラフィックスが作成できるようになります。

Chapter 2 【初級編】シェイプアニメーション入門

Section 2-1 図形アニメーションの作成

After Effectsの基本となるキーフレームアニメーションを、実際に作りながら理解します。

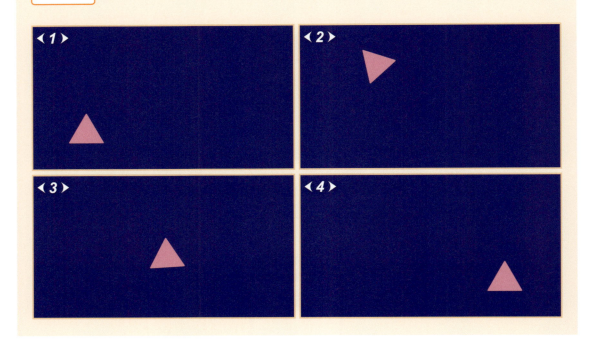

01 シェイプの作成

1 コンポジションを作成する

【コンポジション】パネルの【新規コンポジション】（Ctrl+Nキー）を選択して 1 、【コンポジション設定】ダイアログボックスの【基本】タブにある【コンポジション名】に【2-1】と入力します 2 。
【プリセット】から【HDTV 1080 29.97】を選択して 3 、【デュレーション】に5秒【0;00;05;00】と入力します 4 。

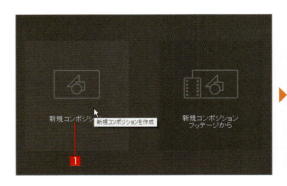

> **TIPS コンポジションとは？**
> コンポジションは動画を構成するための箱みたいなもので、この中にタイムラインがあり、素材を配置したりエフェクトを追加してムービーを作成します。

42

【3Dレンダラー】タブをクリックして 5、【レンダラー】を【クラシック3D】に設定し 6、[OK]ボタンをクリックします 7。

標準的に使用するのは、【クラシック3D】となります。Chapter 4の3Dアニメーションで別の設定も使用しますが、基本は【クラシック3D】となります。

本書を進める中で、手順通りに進めているのにプレビュー画面の表示が違う場合は、この【3Dレンダラー】の設定を確認してみてください。

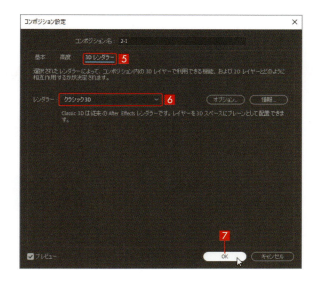

2 背景を作成する

次に背景を作成します。【レイヤー】メニューの【新規】→【平面】（Ctrl + Y キー）を選択して 1、【平面設定】ダイアログボックスで【名前】に【背景】と入力し 2、【カラー】を紫【#3E2783】に設定して 3、[OK]ボタンをクリックします 4。

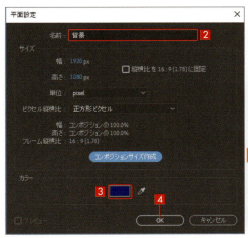

3 図形を作成する

三角形を作成します。【レイヤー】メニューの【新規】→【シェイプレイヤー】を選択すると 1、【タイムライン】パネルに何もない状態の【シェイプレイヤー1】が作成されます。

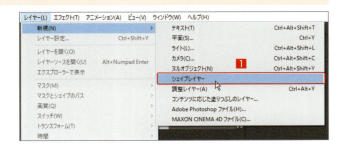

【シェイプレイヤー1】レイヤーを開き❷、【コンテンツ】の【追加】の右にある▶をクリックして❸、【多角形】を選択します❹。

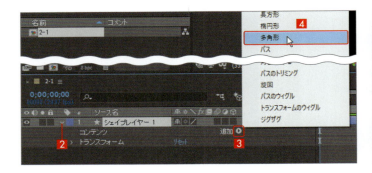
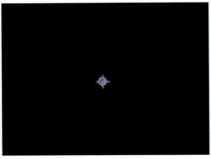

【追加】の右にある▶をクリックして❺、【塗り】を選択します❻。
【多角形パス1】タブを開いて【種類】から【多角形】を選択し❼、【頂点の数】の数値に【3】と入力します❽。
続けて、【外半径】の数値に【150】と入力すると❾、三角形ができました❿。

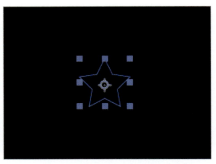

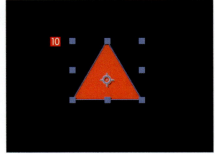

さらに、【追加】の右にある▶をクリックして⓫、【角を丸くする】を選択し⓬、角丸三角形にします。
【塗り1】タブを開き⓭、【カラー】をクリックして色を変更します⓮。ここでは、ピンク【#FF7FB2】に設定します⓯。
【シェイプレイヤー1】を選択して Enter キーを押し、【レイヤー名】を【三角形】に変更します⓰。

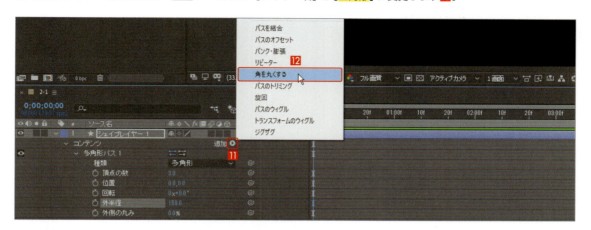

02 アニメーションの作成

【三角形】の【トランスフォーム】タブを開くと、5つの基本項目があります。

❶【アンカーポイント】　アニメーションの基準となる位置。左がX軸（横座標）、右がY軸（縦座標）の数値。
❷【位置】　　　　　　　レイヤーの位置。左がX軸（横座標）、右がY軸（縦座標）の数値。
❸【スケール】　　　　　レイヤーの大きさ。元の大きさが100%
❹【回転】　　　　　　　レイヤーの傾き。元の角度が傾き0°
❺【不透明度】　　　　　レイヤーの透明度。100%が不透明、0%が透明で見えない状態。

45

最初に、アニメーションのスタート位置を設定します。

【位置】の右側の数値をクリックして、座標の数値を【400, 800】と入力すると 1 、三角形が【コンポジション】パネルの左下に移動するので 2 、この状態を記録します。

【現在の時間インジケーター】が0秒の状態で 3 、【位置】の【ストップウォッチ】をクリックすると 4 、タイムラインの0秒の位置に点が打たれます 5 。これが、**キーフレーム**です。

このキーフレームには、「0秒の時に位置が400, 800」と記録されています。

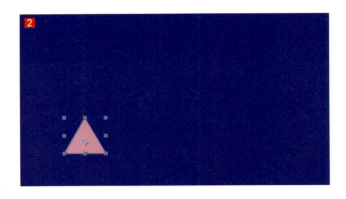

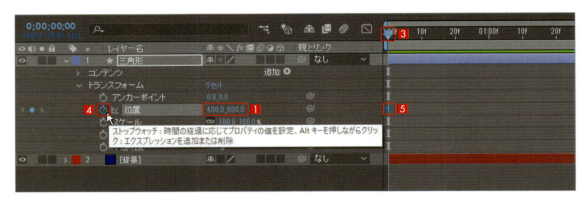

続けて、【現在の時間インジケーター】を【10フレーム】に移動して、位置の数値を【400, 500】に変更すると、自動的にキーフレームが作成されます。さらに【現在の時間インジケーター】を【20フレーム】に移動して 6 、位置の数値を【400, 800】に変更すると 7 、3つのキーフレームが設定されます 8 。

再生すると、三角形が上下に移動する動きが確認できます。これが、位置のキーフレームアニメーションです。
開始位置と終了位置のキーフレームを設定することで、アニメーションを作成することができます。

💡 TIPS 【現在の時間インジケーター】を移動する方法

【現在の時間インジケーター】の移動は、下記のように様々な方法があります。

◉ 時間入力

【タイムライン】パネルの左上にある【プレビュー時間】をクリックして【時間設定】ダイアログボックスを表示し、移動させたい時間を入力します。

◉ ドラッグ

【現在の時間インジケーター】の上部にマウスポインターを合わせて、クリックしながら左右に移動します。

1フレーム前進：	`Page Up`
1フレーム後退：	`Page Down`
10フレーム前進：	`Shift` + `Page Up`
10フレーム後退：	`Shift` + `Page Down`
開始点に移動：	`Home`
終了点に移動：	`End`

Section 2-1 図形アニメーションの作成

続けて、キーフレームを作成します。
【位置】に右記の数値を順番に設定します。
これは三角形の位置を時間ごとに特定の数値（時間の間隔と移動距離）で、右上に移動、右下に移動と順番に設定しています。

❶ 時間【1秒】　　　　　　位置【550, 300】
❷ 時間【1秒10フレーム】　位置【700, 800】
❸ 時間【1秒20フレーム】　位置【850, 300】
❹ 時間【2秒】　　　　　　位置【1000, 800】
❺ 時間【2秒12フレーム】　位置【1200, 200】
❻ 時間【2秒24フレーム】　位置【1500, 800】

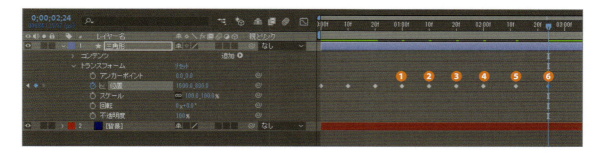

TIPS　キーフレームの数値を設定する方法

直接入力する　数値をクリックすると入力できる状態になるので、直接数値を入力します。

ドラッグ　数値上にマウスポインターを移動すると［⟷］が表示されるので、右にドラッグすると数値は大きくなり、左にドラッグすると数値は小さくなります。

↑↓キー　数値をクリックすると入力できる状態になるので、↑キーを押すと数値は大きくなり、↓キーを押すと数値は小さくなります。

計算式　数値をクリックすると入力できる状態になるので、数値の後ろに「+10」や「-10」などの計算式を入力して細かく設定することができます。

これで、1回その場でジャンプして3回ジャンプで前に進むキーフレームアニメーションができました。
このキーフレームを使った動きの設定が、After Effectsによるアニメーション制作の基礎となります。

▶ Preview

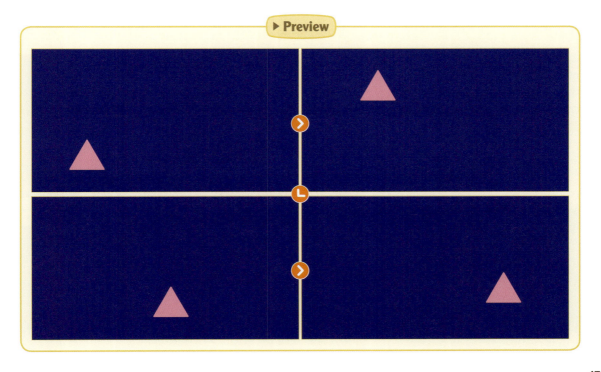

47

Chapter 2 【初級編】シェイプアニメーション入門

03 動きの軌道の設定

現状では直線的なカクカクとした動きなので、動きの軌道を設定します。
前方にジャンプした頂点の1秒のキーフレームを右クリックして 1 、【キーフレーム補間法】を選択します 2 。
【キーフレーム補間法】ダイアログボックスの【空間補間法】を【連続ベジェ】に設定して 3 、[OK] ボタンをクリックすると 4 、頂点の軌道がカーブします 5 。左右のハンドルをドラッグすると、カーブを変更できます。

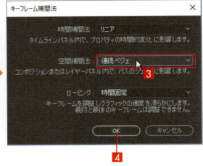

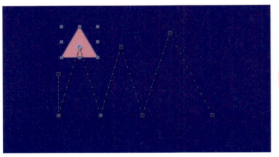

この状態で再生すると、弧を描くような動きに変化したのが確認できます 6 。
同様に、【1秒20フレーム】 7 と【2秒12フレーム】 8 の頂点のキーフレームにも、【空間補間法】の【連続ベジェ】 9 を設定します 10 。

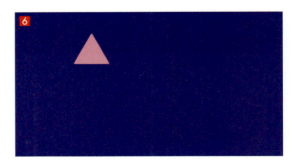

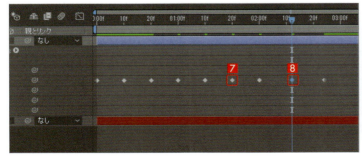
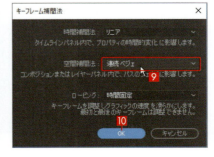

直線的な移動から柔らかく移動するアニメーションに変わりました 11 。
このように、アニメーションの軌道を変更することができます。

04 動きの速度を調整

動きの速度を調整します。現在は移動の速度が常に一定な状態です。
ここから【イーズ】を使って、加速や減速を表現します。
【10フレーム】にあるキーフレームを選択して、【1秒】・【1秒20フレーム】・【2秒12フレーム】のキーフレームを Shift キーを押しながらクリックして、頂点のキーフレームを選択します 1 。
選択したキーフレームの上で右クリックして【キーフレーム補助】➡【イージーイーズ】（ F9 キー）を選択すると 2 、キーフレームの形が変わります 3 。
この状態で再生すると、頂点付近で減速して滞空時間ができるような表現になります。

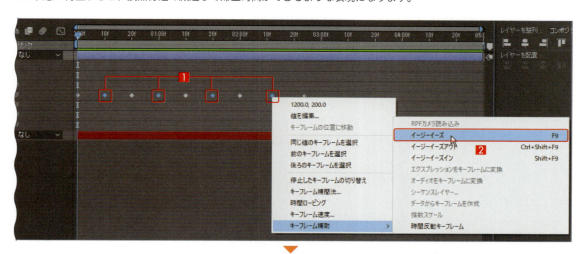

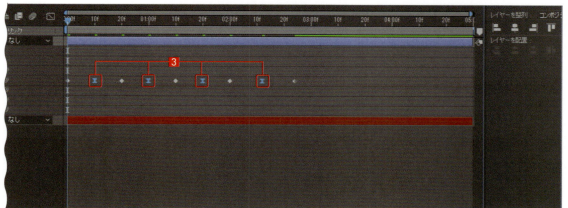

【イージーイーズ】の詳細を調整する

速度の減衰のかかり具合は、グラフで細かく設定することができます。

【グラフエディター】をクリックすると❶、【タイムライン】がグラフ表示に切り替わります❷。

【位置】を選択して❸、【グラフの種類とオプションを選択】❹から【速度グラフを編集】を選択すると❺、位置に関するグラフが表示されます。

キーフレームを選択すると、【ハンドル】が表示されます。左右のハンドルをドラッグすると、速度の減衰を自由に設定できます❻。

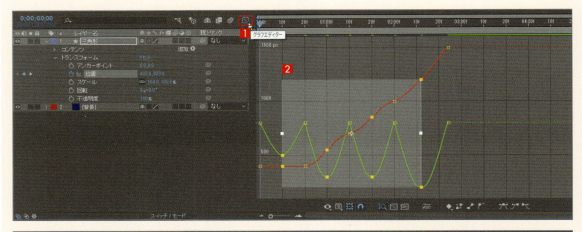

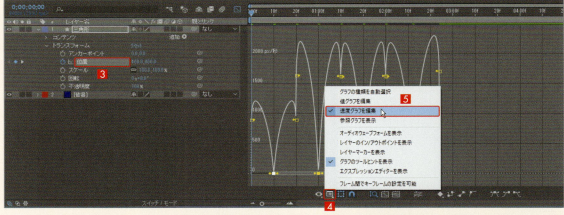

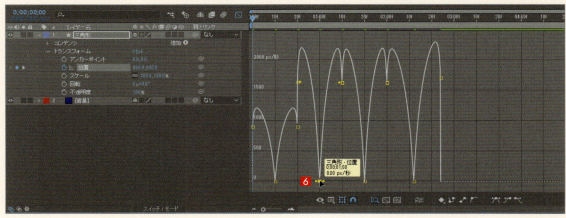

今回のケースでは同じ動きを設定したいので、ハンドルではなく数値で設定します。
【1秒】のキーフレームを【選択ツール】▶でダブルクリックすると 7 、【キーフレーム速度】ダイアログボックスが表示されます 8 。

【入る速度】と【出る速度】の2つの設定があるので、どちらも影響の数値に【60】と入力して 9 、［OK］ボタンをクリックします 10 。

再生すると、滞空時間が伸びて勢いよくジャンプするような表現に変わりました 11 。

同様に、【1秒20フレーム】と【2秒12フレーム】のキーフレームにも【影響：60%】を設定します 12 。

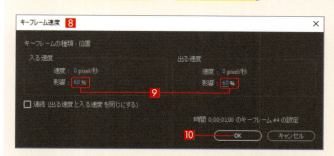

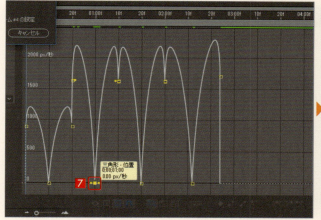

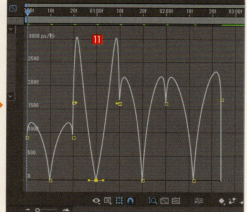

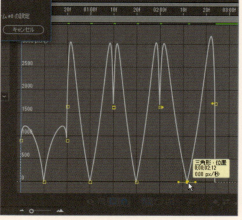

このように、動き方を細かく設定することができます。
設定が終わったら、【グラフエディター】■をクリックして閉じます 13。

05 動きを組み合わせる

続けて、回転の動きも加えます。回転の角度に右記の数値を順番に設定します。
三角形は、360°（1回転）の1/3の数値である120°回転させることで1辺分回転します。

> ❶ 時間【20フレーム】　　　回転【0x0°】
> ❷ 時間【1秒10フレーム】　回転【0x120°】
> ❸ 時間【2秒】　　　　　　回転【0x240°】
> ❹ 時間【2秒24フレーム】　回転【1x240°】
>
> ※【360°】で1回転となり、【1x0°】表記になります。

Section 2-1 図形アニメーションの作成

【回転】をクリックして❶、回転のキーフレームをすべて選択します❷。
キーフレームの上で右クリックして、【キーフレーム補助】➡【イージーイーズ】（F9 キー）を選択します❸。

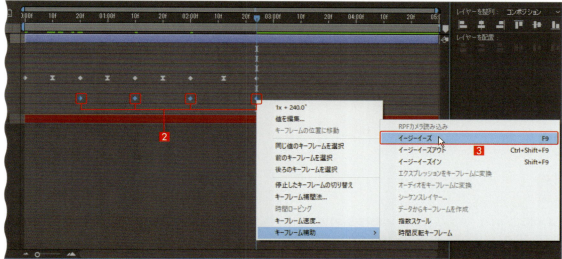

これでアニメーションの完成です❹。トランスフォームの変化をキーフレームに記録して、変化の速度や減衰を設定することでアニメーションを作成します。

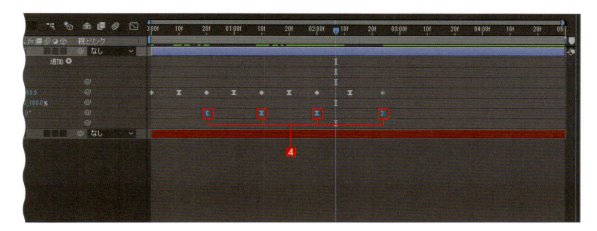

Chapter 2 【初級編】シェイプアニメーション入門

Section 2 タイトルアニメーションの作成

シェイプの塗りをマットに使って、線から枠に変形した内側から文字が出現するアニメーションを作成します。

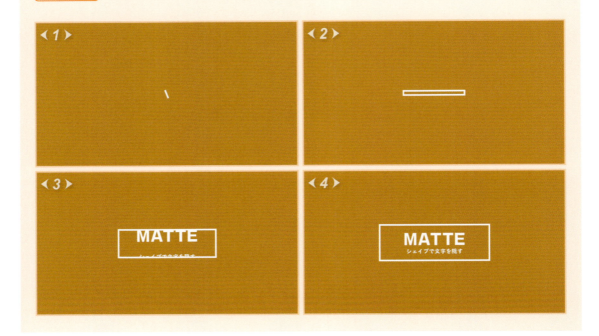

01 レイアウトを作成する

1 コンポジションを作成する

【コンポジション】パネルの【新規コンポジション】（Ctrl＋Nキー）を選択して❶、【コンポジション設定】ダイアログボックスの【基本】タブにある【コンポジション名】に【2-2】と入力します❷。
【プリセット】から【HDTV 1080 29.97】を選択して❸、【デュレーション】に4秒【0;00;04;00】と入力します❹。

【3Dレンダラー】タブをクリックして 5、【レンダラー】を【クラシック3D】に設定し 6、[OK] ボタンをクリックします 7。

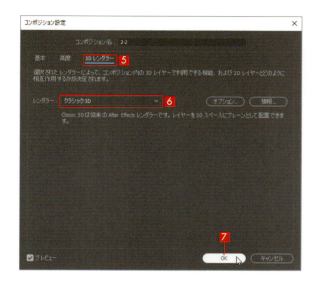

2 背景を作成する

【レイヤー】メニューの【新規】→【平面】（Ctrl + Y キー）を選択して 1、【平面設定】ダイアログボックスの【名前】に【背景】と入力します 2。【カラー】をクリックして 3、【#CF8F19】に設定すると 4、【タイムライン】パネルに黄土色の平面が配置されます 5。

3 テキストを作成する

【テキストツール】■を選択して １、【コンポジション】パネルのプレビュー画面をクリックします。
画面上にカーソルが点滅して文字が入力できる状態となるので、そのまま「MATTE」と入力します ２。

文字のパラメーター
フォント　　　　VDL V7ゴシック
フォントスタイル　EB
大きさ　　　　　80px
カラー　　　　　#FFFFFF

【選択ツール】■に切り替えて ３、【MATTE】レイヤーを選択し ４、【段落】パネルの上段（整列オプション）にある【中央揃え】■をクリックします ５。
【整列】パネルの【水平方向に整列】■をクリックして ６、テキストレイヤーを画面の横幅中央に配置します ７。
【トランスフォーム】タブを開いて、【位置】のy軸の数値を【560】 ８、【スケール】の数値を【142】と入力します ９。
続けて、【テキストツール】■を選択して【コンポジション】パネルのプレビュー画面をクリックすると、画面上にカーソルが点滅して文字を入力できる状態になるので、そのまま「シェイプで文字を隠す」と入力します １０。

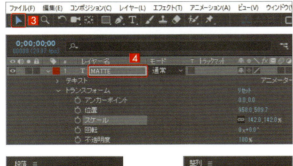

文字のパラメーター
フォント　TBカリグラゴシック Std
大きさ　　40px
カラー　　#FFFFFF

【選択ツール】▶に切り替えて11、【シェイプで文字を隠す】レイヤーを選択し12、【トランスフォーム】タブの【スケール】の数値を【103】と入力して大きさを調整します13。

【整列】パネルの【水平方向に整列】をクリックして14、テキストレイヤーを画面の横幅中央に配置します15。

【トランスフォーム】タブを開いて、【位置】のy軸の数値を【620】と入力し、配置の高さを調整します16 17。

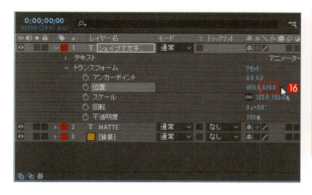

4 枠を作成する

【タイムライン】パネルの何もない場所をクリックして、レイヤーの選択を解除します。
【長方形ツール】■を選択して❶、画面上を対角線にドラッグして長方形を描きます❷。

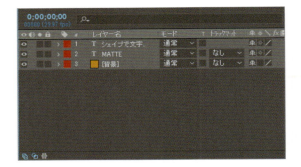

【選択ツール】▶を選択して、【整列】パネルの【水平方向に整列】❸と【垂直方向に整列】❹をクリックし、長方形を画面中央に配置します。
【シェイプレイヤー1】レイヤーを開き、【コンテンツ】タブの【線1】の【カラー】を【#FFFFFF】に設定します❺。

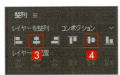

【線幅】の数値を【12】と入力して線の太さを調整します❻。
【シェイプレイヤー1】レイヤーを選択して Enter キーを押し❼、【レイヤー名】を【枠】に変更します❽。

【塗り1】の左にある【ビデオ】◉（目）スイッチをクリックして⑨、非表示にします⑩。

 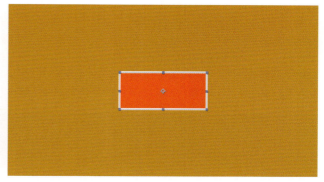

これで、タイトルのデザインができました。

Chapter 2 【初級編】シェイプアニメーション入門

02 テキストのアニメーションを作成

1 テキストの上下移動アニメーション

まずはテキストの決め位置を設定します。

【現在の時間インジケーター】のある20フレーム【0;00;00;20】の位置に ❶、【MATTE】レイヤーと【シェイプで文字を隠す】レイヤーを Shift キーを押しながらクリックして選択し ❷、ドラッグして配置します ❸。

【現在の時間インジケーター】を1秒5フレーム【0;00;01;05】に移動して ❹、【MATTE】レイヤーを開き ❺、【トランスフォーム】タブの【位置】の左にある【ストップウォッチ】をクリックすると ❻、キーフレームが設定されます ❼。

続けて、【現在の時間インジケーター】を20フレーム【0;00;00;20】に移動して ❽、【位置】のy軸の数値を【460】と入力します ❾。元の位置【560】から【460】に変更することで、100ピクセル上に移動しました。

60

2つ目のキーフレームをクリックして選択したら、F9キーを押して⑩、【イージーイーズ】を適用します⑪。
【現在の時間インジケーター】を1秒5フレーム【0;00;01;05】に移動して⑫、【シェイプで文字を隠す】レイヤーを開き⑬、【トランスフォーム】タブの【位置】の左にある【ストップウォッチ】をクリックして⑭、キーフレームを設定します⑮。

次に、【現在の時間インジケーター】を20フレーム【0;00;00;20】に移動して⑯、【位置】のy軸の数値を【720】と入力します⑰。元の位置【620】から【720】に変更することで、100ピクセル下に移動しました。
2つ目のキーフレームをクリックして選択し⑱、F9キーを押して【イージーイーズ】を適用します⑲。

2 線が枠に変化するアニメーション

【枠】の決め位置を設定します。【現在の時間インジケーター】を1秒5フレーム【0;00;01;05】に移動します 1 。
【枠】レイヤーの【コンテンツ】にある【長方形パス1】タブを開いて、【サイズ】にある【現在の縦横比を固定】の【チェーンアイコン】を解除して 2 、【サイズ】の数値を【800, 264】と入力します 3 。

【サイズ】の左にある【ストップウォッチ】をクリックすると 4 、キーフレームが設定されます 5 。

続けて、【現在の時間インジケーター】を20フレーム【0;00;00;20】に移動して 6 、【サイズ】の数値を【400, 1】と入力します 7 。

Section 2-2 タイトルアニメーションの作成

【現在の時間インジケーター】を0秒【0;00;00;00】に移動して 8 、【サイズ】の数値を【0, 0】と入力します 9 。

【サイズ】をクリックすると 10 、すべてのキーフレームが選択された状態になるので 11 、 F9 キーを押して【イージーイーズ】を適用します 12 。

【イージーイーズ】の詳細を調整する

【グラフエディター】■をクリックしてから①、【サイズ】を選択して②、速度グラフ※を表示します。
　各秒のキーフレームを【選択ツール】▶でダブルクリックすると③、【キーフレーム速度】ダイアログボックスが表示されます。【入る速度】と【出る速度】の2つの設定があるので、下記の数値を順番に設定します。

※速度グラフが表示されない場合は、50ページを参照

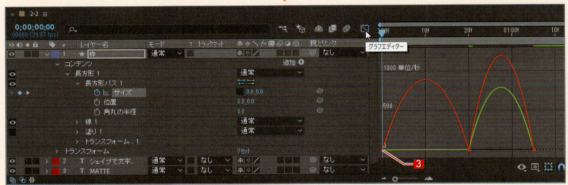

【サイズ】
時間【0秒】
入る速度
次元X：速度【デフォルト】　影響【デフォルト】
次元Y：速度【デフォルト】　影響【デフォルト】
出る速度
次元X：速度【デフォルト】　影響【80】
次元Y：速度【デフォルト】　影響【80】

【サイズ】
時間【0秒20フレーム】
入る速度
次元X：速度【デフォルト】　影響【90】
次元Y：速度【デフォルト】　影響【90】
出る速度
次元X：速度【0】　影響【80】
次元Y：速度【0】　影響【80】

【サイズ】
時間【1秒05フレーム】
入る速度
次元X：速度【デフォルト】　影響【90】
次元Y：速度【デフォルト】　影響【90】
出る速度
次元X：速度【デフォルト】　影響【デフォルト】
次元Y：速度【デフォルト】　影響【デフォルト】

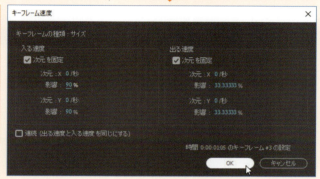

ゆっくりと線が出現して、勢いよく枠へと変形するアニメーションができました。
設定が終わったら、【グラフエディター】をクリックして閉じます 4 。

【現在の時間インジケーター】🔽を20フレーム【0;00;00;20】に移動します 13。
【枠】レイヤーを開いて 14、【トランスフォーム】タブの【回転】の左にある【ストップウォッチ】をクリックして 15、キーフレームを設定します 16。

【現在の時間インジケーター】🔽を0秒【0;00;00;00】に移動して 17、【回転】の数値を【-120】と入力します 18。
【回転】をクリックすると 19、すべてのキーフレームが選択された状態になるので 20、F9キーを押して【イージーイーズ】を適用します 21。

【イージーイーズ】の詳細を調整する

【グラフエディター】をクリックして①、【回転】を選択して②、速度グラフ※を表示します。

各秒のキーフレームを【選択ツール】でダブルクリックすると③、【キーフレーム速度】ダイアログボックスが表示されます。【入る速度】と【出る速度】の2つの設定があるので、下記の数値を順番に設定します。

※速度グラフが表示されない場合は、50ページを参照

【回転】
時間【0秒】
入る速度：速度【デフォルト】
　　　　　影響【デフォルト】
出る速度：速度【デフォルト】
　　　　　影響【90】

【回転】
時間【0秒20フレーム】
入る速度：速度【デフォルト】
　　　　　影響【40】
出る速度：速度【デフォルト】
　　　　　影響【デフォルト】

設定が終わったら、【グラフエディター】をクリックして閉じます④。

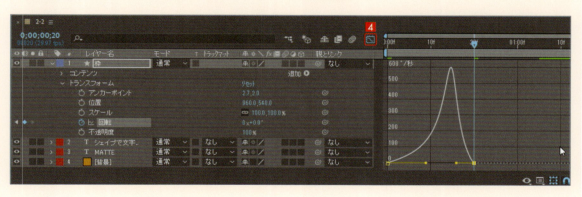

Chapter 2 【初級編】シェイプアニメーション入門

03 マットで出現位置を隠す

マットを適用する

【枠】レイヤーを選択した状態で、【編集】メニューの【複製】（Ctrl+Dキー）を選択して複製します 1。
複製された【枠2】レイヤーを選択して Enter キーを押し、【レイヤー名】を【マット】に変更します 2。

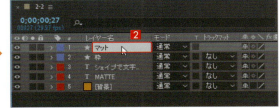

【マット】レイヤーを開いて 3、【コンテンツ】➡【長方形1】➡【塗り1】の左にある【ビデオ】◉（目）スイッチをクリックして表示します 4。【カラー】を【#FF0000】に設定して 5、【マット】レイヤーの左にある【ビデオ】◉（目）スイッチをクリックして非表示にします 6。次の設定で、この【マット】の長方形の部分だけ文字が表示されるようになります。

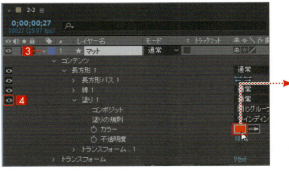

次に【MATTE】レイヤーを選択して 7 、【エフェクト】メニューの【チャンネル】➡【マット設定】を選択して 8 、エフェクトを適用します 9 。

【エフェクトコントロール】パネルの【レイヤーからマットに取り込む】を【1.マット】に変更します 10 11 。
同様に「シェイプで文字を隠す」を選択して 12 、【エフェクト】メニューの【チャンネル】➡【マット設定】を選択して 13 、エフェクトを適用します。
【エフェクトコントロール】パネルの【レイヤーからマットに取り込む】を【1.マット】に変更して 14 15 、マットを使用したテキストアニメーションの完成です。

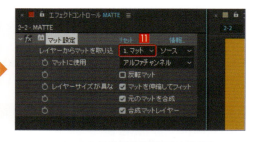
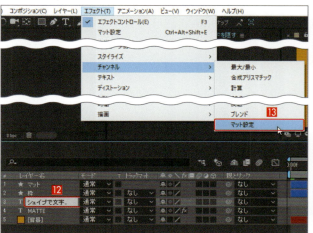
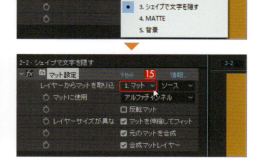

Section 2

3 アイコンアニメーション

ここでは、様々なシェイプレイヤーを使ったアニメーションの作り方を紹介します。
また、シェイプを組み合わせたデザインの作り方も解説していきます。

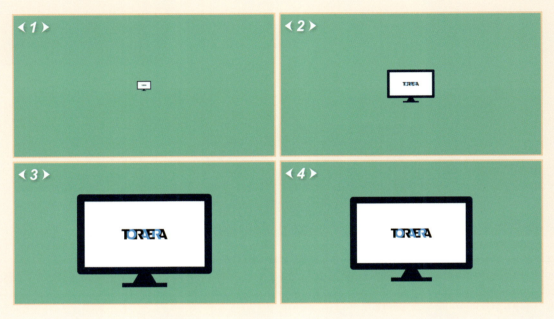

01 コンポジションを作成する

【コンポジション】パネルの【新規コンポジション】（ Ctrl + N キー）を選択します ❶。
【コンポジション設定】ダイアログボックスの【基本】タブにある【コンポジション名】に【2-3】と入力します ❷。
【プリセット】から【HDTV 1080 29.97】を選択し ❸、【デュレーション】に10秒【0;00;10;00】と入力します ❹。

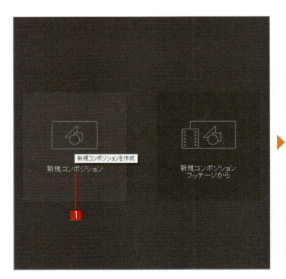

【3Dレンダラー】タブをクリックして 5、【レンダラー】を【クラシック3D】に設定し 6、[OK]ボタンをクリックします 7。

02 背景を作成する

【レイヤー】メニューの【新規】➡【平面】(Ctrl + Y キー)を選択して 1、【平面設定】ダイアログボックスの【名前】に【背景】と入力します 2。
【カラー】を【#5AC0A9】に設定すると 3、【タイムライン】パネルにエメラルドの平面が配置されます 4。

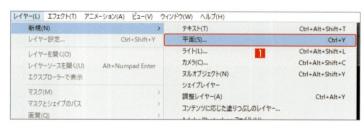

03 PCアイコンを作成する

1 「本体」のパーツを作成する

【レイヤー】メニューの【新規】➡【シェイプレイヤー】を選択すると ❶、【タイムライン】パネルに【シェイプレイヤー 1】が作成されます ❷。

【シェイプレイヤー 1】レイヤーを開き ❸、【コンテンツ】の【追加】の右にある ▶ をクリックして【長方形】を選択すると ❹、【シェイプレイヤー 1】の中に【長方形パス 1】が追加されます ❺。

さらに、▶ をクリックして【塗り】を選択すると ❻、【シェイプレイヤー 1】の中に【塗り 1】が追加されます ❼。

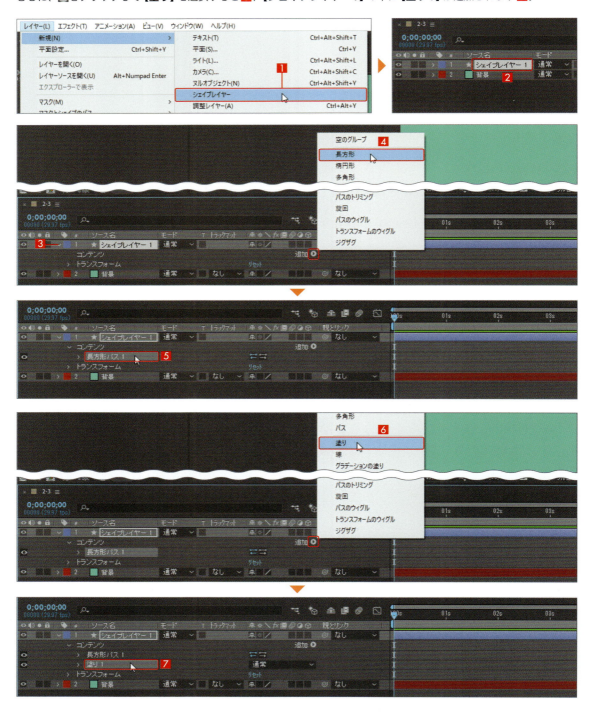

【長方形パス1】タブを開いて 8 、【サイズ】にある【現在の縦横比を固定】の【チェーンアイコン】 を解除し 9 、【サイズ】の数値に【900, 550】と入力すると 10 、画面上に長方形が作成されます 11 。
さらに、【角丸の半径】の数値を【24】と入力すると 12 、画面上の長方形の角が丸くなります 13 。

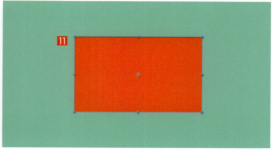

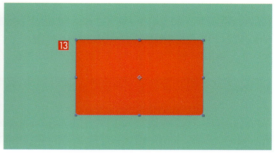

【塗り1】タブを開いて 14 、【カラー】を【#202D4A】に設定すると 15 、画面上の長方形が紺色になります 16 。
【シェイプレイヤー1】を選択して Enter キーを押し、【レイヤー名】を【本体】に変更します 17 。

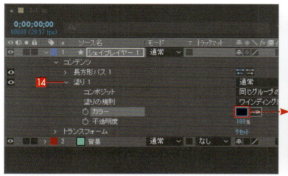

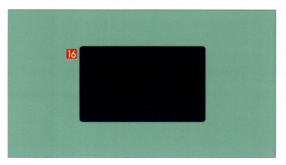

2 「画面」のパーツを作成する

【タイムライン】パネルの何もない場所をクリックし、【本体】レイヤーの選択を解除します。
【レイヤー】メニューの【新規】➡【シェイプレイヤー】を選択すると ■1、【タイムライン】パネルに【シェイプレイヤー1】が作成されます ■2。

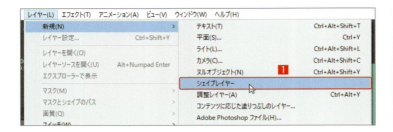

【シェイプレイヤー1】レイヤーを開き ■3、【追加】の右にある ▶ をクリックして【長方形】を選択すると ■4、【シェイプレイヤー1】の中に【長方形パス1】が追加されます ■5。
続けて、【追加】の ▶ をクリックして【塗り】を選択すると ■6、【シェイプレイヤー1】の中に【塗り1】が追加されます ■7。

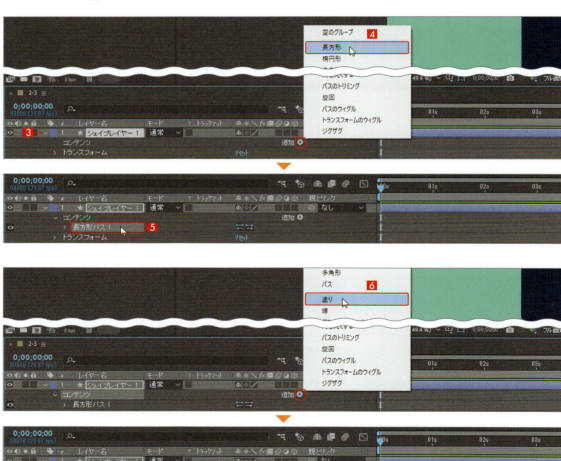

Section 2-3 アイコンアニメーション

【長方形パス1】タブを開き❽、【サイズ】にある【現在の縦横比を固定】の【チェーンアイコン】を解除して❾、【サイズ】の数値に【800, 450】と入力すると❿、画面上に長方形が作成されます⓫。

【塗り1】タブを開いて⓬、【カラー】を【#FFFFFF】に設定すると⓭、画面上の長方形が白色になります⓮。
【シェイプレイヤー1】を選択してEnterキーを押し、【レイヤー名】を【画面】に変更します⓯。

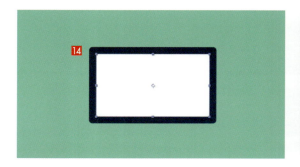

75

Chapter 2 【初級編】シェイプアニメーション入門

3 「PCスタンド」のパーツを作成する

【タイムライン】パネルの何もない場所をクリックして、【画面】レイヤーの選択を解除します。
【レイヤー】メニューの【新規】➡【シェイプレイヤー】を選択すると 1 、【タイムライン】パネルに【シェイプレイヤー1】が作成されます 2 。

【シェイプレイヤー1】レイヤーを開いて 3 、【追加】の右にある ▶ をクリックして【多角形】を選択すると 4 、【シェイプレイヤー1】の中に【多角形パス1】が追加されます 5 。
さらに、▶ をクリックして【塗り】を選択すると 6 、【シェイプレイヤー1】の中に【塗り1】が追加されます 7 。

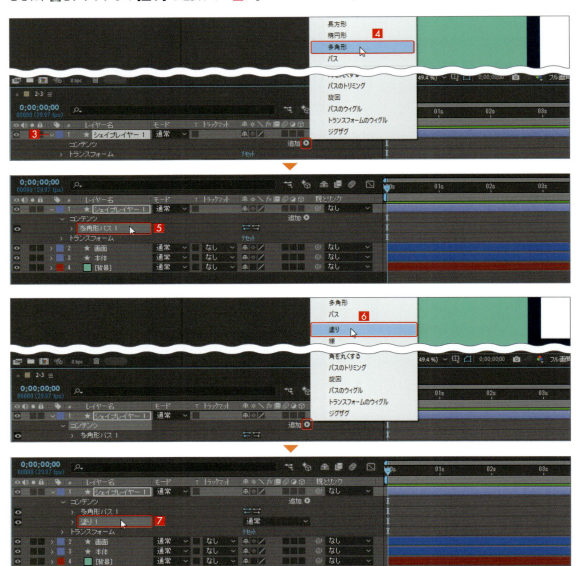

Section 2-3 アイコンアニメーション

【多角形パス1】タブを開いて 8 、【頂点の数】の数値に【3.0】と入力すると 9 、画面上に三角形が作成されます 10 。

【塗り1】タブを開いて【カラー】を【#202D4A】に設定すると、画面上の多角形が紺色になります。
次に【シェイプレイヤー1】を選択して 11 、【追加】の右にある ▶ をクリックして【長方形】を選択すると 12 、【シェイプレイヤー1】の中に【長方形パス1】が追加されます 13 。

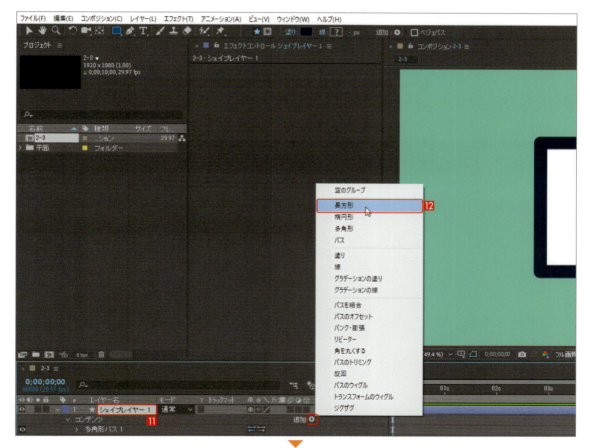

これは、1つのシェイプレイヤーに多角形と長方形の2つのパスが入っている状態となります。
【長方形パス1】タブを開き 14、【サイズ】にある【現在の縦横比を固定】の【チェーンアイコン】を解除します 15。
【サイズ】の数値に【300, 30】と入力すると 16、画面上に長方形が作成されます 17。
【位置】の数値に【0, 50】と入力して 18、三角形の下に配置します 19。

また、【トランスフォーム】タブを開き 20、【位置】の数値をクリックして【960, 840】と入力します 21。
【シェイプレイヤー1】を選択して Enter キーを押し、【レイヤー名】を【PCスタンド】に変更し、ドラッグして【本体】の下に配置します。

これで、PCアイコンが完成しました。

Section 2-3 アイコンアニメーション

04 PCアイコンにアニメーションを設定する

1 レイヤーに親子関係を作る

現在の状態でアニメーションを設定すると、【本体】【画面】【PCスタンド】それぞれのレイヤーに動きを付けなければなりません。複数のレイヤーをひとつの固まりとして動きを付ける場合は、【本体】レイヤーを親に設定すると一括で複数のレイヤーを動かすことができます。

【画面】レイヤーと【PCスタンド】レイヤーを Ctrl キーを押しながらクリックして❶、選択した状態にします。
右にある【ピックウィップ】アイコン◎をドラッグして伸びた線を【本体】に繋ぐようにドロップすると❷、【本体】レイヤーを【画面】レイヤーと【PCスタンド】の親レイヤーに設定できます❸。

2 親レイヤーに子レイヤーが追従するアニメーション

【本体】にアニメーションを設定します。【現在の時間インジケーター】▼を0フレーム【0;00;00;00】に移動します❶。
【本体】レイヤーを開き❷、【トランスフォーム】タブの【スケール】の数値をクリックして、【0】と入力します❸。
【スケール】の左にある【ストップウォッチ】◎をクリックすると❹、キーフレームが設定されます❺。

【現在の時間インジケーター】を10フレーム【0;00;00;10】に移動して6、【スケール】の数値をクリックして【110】と入力すると7、【スケール】の10フレームにキーフレームが自動で作られます8。
さらに、【現在の時間インジケーター】を15フレーム【0;00;00;15】に移動して9、【スケール】に【100】と入力します10。

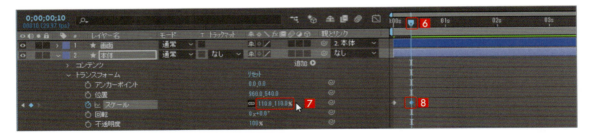

ただ、このままでは動きが固いので、なめらかなアニメーションを設定します。
【本体】の【スケール】を選択すると11、設定したすべてのキーフレームが選択された状態になります。
すべてのキーフレームが選択された状態で F9 キーを押すと、【イージーイーズ】が適用されます12。

これで、本体が出現するアニメーションができました。

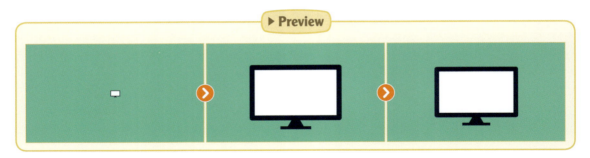

Section 2-3 アイコンアニメーション

05 ロゴアニメーションを設定する

1 素材を読み込む

【ファイル】メニューの【読み込み】➡【ファイル】(Ctrl+I キー)を選択して 1 、【ファイルの読み込み】ダイアログボックスで【TORAERA_LOGO.ai】を読み込みます 2 3 4 。

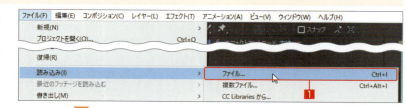

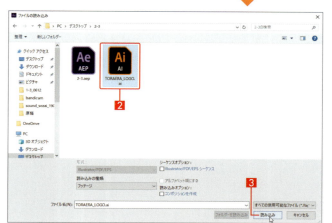

【プロジェクト】パネルから【TORAERA_LOGO.ai】をドラッグして、【画面】の上に配置します 5 。
【TORAERA_LOGO.ai】レイヤーを開き 6 、【トランスフォーム】タブの【スケール】の数値を【25】と入力して 7 、大きさを調整します 8 。

2 テキストの出現アニメーション

テキストにアニメーションを設定します。

【現在の時間インジケーター】■を15フレーム【0;00;00;15】に移動して1、【スケール】の左にある【ストップウォッチ】◎をクリックして2、キーフレームを設定します3。

次に、【現在の時間インジケーター】■を10フレーム【0;00;00;10】に移動して4、【スケール】の数値をクリックして【28】と入力すると5、10フレームの【スケール】にキーフレームが自動で作成されます6。

さらに、【現在の時間インジケーター】■を0秒【0;00;00;00】に移動して7、【スケール】の数値をクリックして【0】と入力します8。
【TORAERA_LOGO.ai】の【スケール】を選択すると9、設定したすべてのキーフレームが選択された状態になるので、F9 キーを押して【イージーイーズ】を適用します10。

これで、アイコンアニメーションが完成しました。

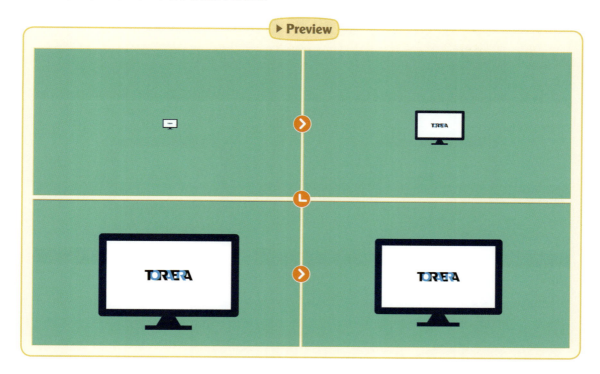

Chapter 2 【初級編】シェイプアニメーション入門

アイコンを変形する

ここでは、レイヤーが変化して別の形になる「モーフィング・アニメーション」の作り方を紹介します。

01 本体のモーフィングアニメーション

【画面】と【PCスタンド】の左にある【ビデオ】◉（目）スイッチをクリックして、非表示にします❶。
本体の形をPCからスマホに変形します。【現在の時間インジケーター】▼を1秒05フレーム【0;00;01;05】に移動して❷、【本体】レイヤーの【コンテンツ】タブを開き、さらに【長方形パス1】タブを開きます❸。
【サイズ】と【角丸の半径】の左にある【ストップウォッチ】◉をクリックして❹、キーフレームを設定します❺。

さらに、【現在の時間インジケーター】を1秒15フレーム【0;00;01;15】に移動して 6 、【サイズ】の数値をクリックして【824, 376】と入力し 7 、【角丸の半径】には【30.0】 8 と入力します。
【サイズ】と【角丸の半径】をCtrlキーを押しながらクリックして選択すると 9 、設定したすべてのキーフレームが選択された状態になるので 10 、F9キーを押して【イージーイーズ】を適用します 11 。

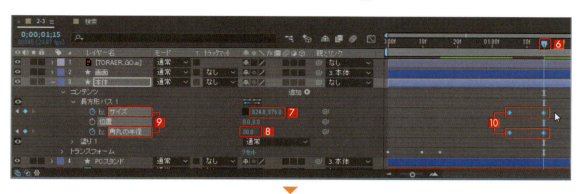

これで、本体が変化するアニメーションができました。

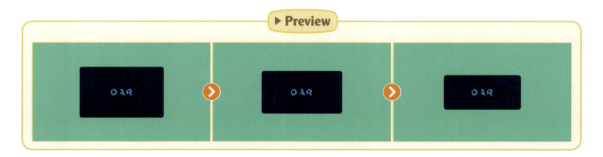

Chapter 2 【初級編】シェイプアニメーション入門

02　PCからスマホに変形するアニメーション

1　液晶のモーフィングアニメーション

【現在の時間インジケーター】■を1秒05フレーム【0;00;01;05】に移動して❶、【画面】の左にある【ビデオ】■（目）スイッチをクリックして、非表示を解除します❷。
【画面】レイヤーを開いて【コンテンツ】にある【長方形パス1】タブを開き❸、【サイズ】の左にある【ストップウォッチ】■をクリックして❹、キーフレームを設定します❺。

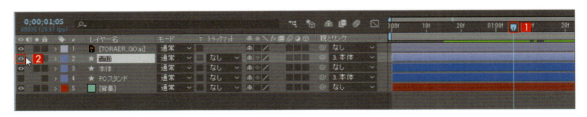

続けて、【現在の時間インジケーター】■を1秒15フレーム【0;00;01;15】に移動して❻、【サイズ】を【600, 337】と入力します❼。
【サイズ】を選択すると❽、設定したすべてのキーフレームが選択された状態になるので❾、F9 キーを押して【イージーイーズ】を適用します❿。

これで、画面が変化するアニメーションができました。

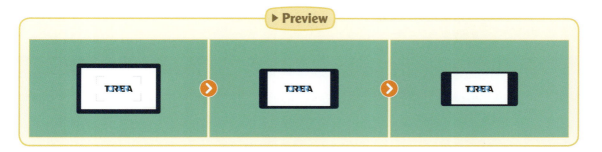

2 本体にPCスタンドを収納する(隠す)アニメーション

【現在の時間インジケーター】を1秒05フレーム【0;00;01;05】に移動して 1、【PCスタンド】の左にある【ビデオ】（目）スイッチをクリックして、レイヤーの非表示を解除します 2。

【PCスタンド】レイヤーの【トランスフォーム】タブを開き 3、【位置】の左にある【ストップウォッチ】をクリックして 4、キーフレームを設定します 5。

次に、【現在の時間インジケーター】を1秒15フレーム【0;00;01;15】に移動して 6、【位置】の数値をクリックして【0, -9】と入力します 7。【位置】を選択すると 8、設定したすべてのキーフレームが選択された状態になるので 9、F9 キーを押して【イージーイーズ】を適用します 10。

これで、PCスタンドを収納するアニメーションができました。

3 スピーカーの出現アニメーション

タイムラインの何もない場所をクリックしてレイヤーの選択を解除します。【レイヤー】メニューの【新規】➡【シェイプレイヤー】を選択すると 1、【タイムライン】パネルに【シェイプレイヤー 1】が作成されます 2。

選択を解除した状態でシェイプレイヤーを作成することで、画面の通りにタイムラインの一番上に作成されます。

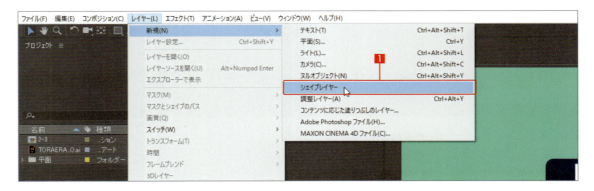

【シェイプレイヤー1】レイヤーを開いて❸、【追加】の右にある▶をクリックして【長方形】を選択すると❹、【シェイプレイヤー1】の中に【長方形パス1】が追加されます❺。

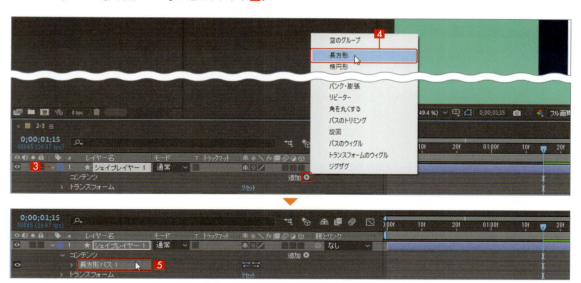

さらに【追加】の▶をクリックして【塗り】を選択すると❻、【シェイプレイヤー1】の中に【塗り1】が追加されます❼。【長方形パス1】タブを開き❽、【サイズ】にある【現在の縦横比を固定】の【チェーンアイコン】を解除して❾、【サイズ】の数値に【15, 100】と入力すると❿、画面上に長方形が作成されます。

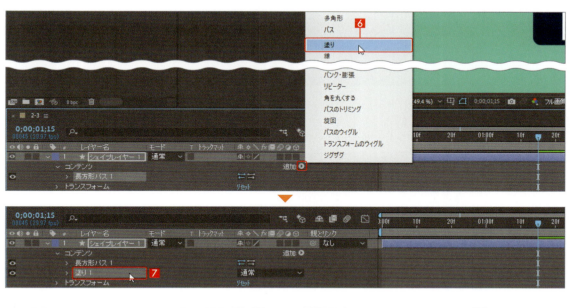

【塗り1】タブを開いて【カラー】を【#FFFFFF】に設定すると11、画面上の長方形が白色になります。
【トランスフォーム】タブを開いて12、【位置】の数値に【1317, 540】と入力します13 14。
【シェイプレイヤー1】を選択してEnterキーを押し、【レイヤー名】を【SPスピーカー】に変更します15。

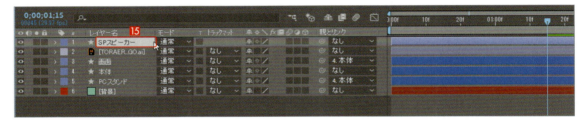

次に、アニメーションを設定します。
【SPスピーカー】を選択して、【アンカーポイントツール】を選択し16、【コンポジション】パネル上でアンカーポイントを Ctrl キーを押しながらドラッグして、長方形の下部に配置します17。

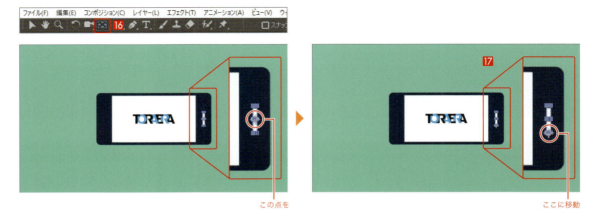

【現在の時間インジケーター】を1秒10フレーム【0;00;01;10】に移動します 18 。【選択ツール】に切り替えて、【SPスピーカー】を【現在の時間インジケーター】を1秒10フレーム【0;00;01;10】の位置にドラッグして配置します 19 。

【SPスピーカー】レイヤーの【トランスフォーム】タブを開き 20 、【スケール】にある【現在の縦横比を固定】の【チェーンアイコン】を解除します 21 。【スケール】の数値をクリックして【100, 0】と入力し 22 、【スケール】の左にある【ストップウォッチ】をクリックして 23 、キーフレームを設定します 24 。

【現在の時間インジケーター】を1秒15フレーム【0;00;01;15】に移動して 25 、【スケール】の数値をクリックして【100, 100】と入力します 26 。
【スケール】を選択すると 27 、設定したすべてのキーフレームが選択された状態になるので、F9 キーを押して【イージーイーズ】を適用します 28 。

91

4 マイクの出現アニメーション

【SPスピーカー】レイヤーを選択して【編集】メニューの【複製】（ Ctrl + D キー）を選択して複製します ①。
複製された【SPスピーカー2】レイヤーを選択して Enter キーを押し、【レイヤー名】を【SPマイク】に変更します ②。

次に、アニメーションを設定します。
【SPマイク】レイヤーを開いて、【トランスフォーム】タブの【位置】の数値に【604, 590】と入力し ③、スマホの左側に配置します。
【SPマイク】レイヤーを選択した状態で ④、【アンカーポイントツール】を選択し ⑤、【コンポジション】パネル上でアンカーポイントを Ctrl キーを押しながらドラッグして長方形の上部へ配置します ⑥。

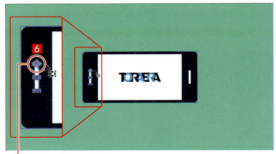

アンカーポイントをここに移動

5 カメラの出現アニメーション

【タイムライン】パネルの何もない場所をクリックして、【SPマイク】の選択を解除します。
【レイヤー】メニューの【新規】→【シェイプレイヤー】を選択すると ①、【タイムライン】パネルに【シェイプレイヤー1】が作成されます ②。

Section 2-4 アイコンを変形する

【シェイプレイヤー1】レイヤーを開き 3 、【コンテンツ】の右にある【追加】の▶をクリックして【楕円形】を選択すると 4 、【シェイプレイヤー1】の中に【楕円形パス1】が追加されます 5 。
続けて【コンテンツ】の右にある【追加】の▶をクリックして【塗り】を選択すると 6 、【シェイプレイヤー1】の中に【塗り1】が追加されます 7 。
【楕円形パス1】タブを開き 8 、【サイズ】の数値をクリックして【30】と入力します 9 。
【塗り1】タブを開いて【カラー】を【#FFFFFF】に設定すると 10 、画面上の円が白色になります。

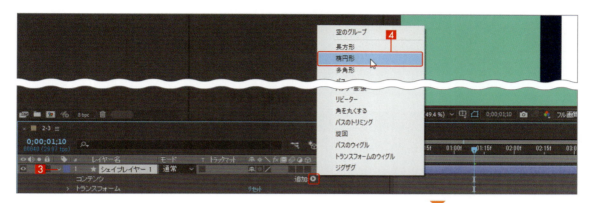

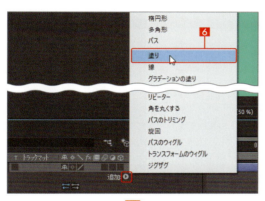

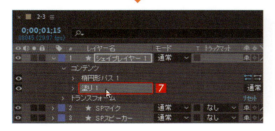

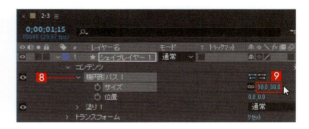

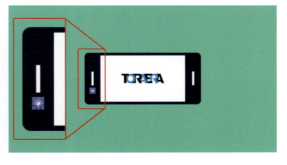

【トランスフォーム】タブを開いて⓬、【位置】の数値をクリックして【603, 628】と入力します⓭。
【シェイプレイヤー1】を選択してEnterキーを押し⓮、【レイヤー名】を【SPカメラ】に変更します⓯。

次に、アニメーションを設定します。
【現在の時間インジケーター】を1秒15フレーム【0;00;01;15】に移動して⓰、【SPカメラ】をドラッグして配置します⓱。
【SPカメラ】レイヤーの【トランスフォーム】タブを開き⓲、【スケール】の数値をクリックして【0】と入力します⓳。
【スケール】の左にある【ストップウォッチ】をクリックして⓴、キーフレームを設定します㉑。

【現在の時間インジケーター】🔽を1秒20フレーム【0;00;01;20】に移動して22、【スケール】の数値をクリックして【146】と入力します23。

さらに【現在の時間インジケーター】🔽を1秒25フレーム【0;00;01;25】に移動して24、【スケール】に【100】と入力します25。

【スケール】を選択すると設定したすべてのキーフレームが選択された状態になるので26、F9キーを押して【イージーイーズ】を適用します27。

これで、スマートフォンに変化するアニメーションができました。

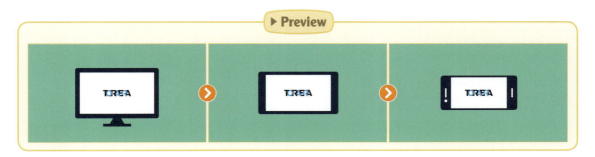

Chapter 2 【初級編】シェイプアニメーション入門

6 親子レイヤーを作る

Ctrl キーを押しながら【SPマイク】【SPスピーカー】【SPカメラ】レイヤーを選択した状態で■、【ピックウィップ】アイコン◎からドラッグして伸びた線を【本体】に繋ぐようにドロップすると■、【本体】レイヤーを【SPマイク】【SPスピーカー】【SPカメラ】の親レイヤーに設定できます■。

これで、【本体】の動きに【SPマイク】【SPスピーカー】【SPカメラ】が追従する設定ができました。

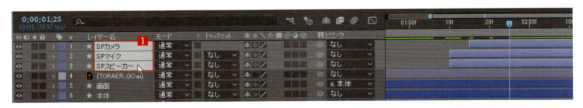

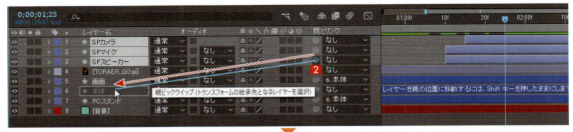

💡 TIPS 「親子関係」とは？

複数のレイヤーで同じ動きを作っていくことになると、個々のレイヤーにキーフレームを新しく作るか、またはコピー＆ペーストを繰り返していくことになるので、かなり手間がかかります。
After Effectsでは複数のアイテムを同時に動かす場合、レイヤーに「**親子関係**」を設定することで、「**子レイヤー**」が「**親レイヤー**」に追随する動きをつけることができます。
まるで動物の親子のように、【**位置**】や【**スケール**】を操作したレイヤーを「**親レイヤー**」に設定すると、「**子レイヤー**」に設定したレイヤーもまったく同じような動きをします。
設定したトランスフォームの【**位置**】や【**スケール**】の数値は、「**子レイヤー**」になった時点で数値が変化します。元の数値を確認して調整を行う場合は、一度親子関係を解除する必要があります。親子関係は、【**親とリンク**】の項目を【**なし**】に変更することで解除できます。

Section 2-4 アイコンを変形する

次に、アニメーションを設定します。
【現在の時間インジケーター】を2秒08フレーム【0;00;02;08】に移動して 4 、【本体】レイヤーを開いて【トランスフォーム】タブを開き 5 、【回転】の左にある【ストップウォッチ】をクリックして 6 、キーフレームを設定します 7 。
次に、【現在の時間インジケーター】を2秒15フレーム【0;00;02;15】に移動して 8 、【回転】の数値をクリックして【100】と入力します 9 。

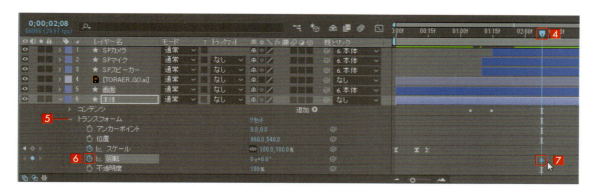

【現在の時間インジケーター】を2秒20フレーム【0;00;02;20】に移動して 10 、【回転】の数値をクリックして【90】と入力します 11 。
【回転】を選択すると 12 、設定したすべてのキーフレームが選択された状態になるので、 F9 キーを押して【イージーイーズ】を適用します 13 。

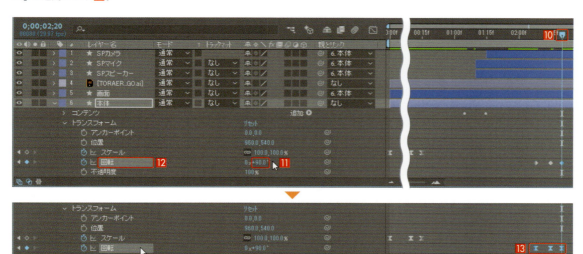

【イージーイーズ】の詳細を調整する

【グラフエディター】をクリックしてから 1、【回転】を選択して 2、速度グラフ※を表示します 3。

【2秒08フレーム】のキーフレームを【選択ツール】でダブルクリックすると【キーフレーム速度】ダイアログボックスが表示されます。【入る速度】と【出る速度】の2つの設定があるので、下記の数値を順番に設定します。

設定が終了したら、【グラフエディター】をクリックして閉じます。

※速度グラフが表示されない場合は、50ページを参照

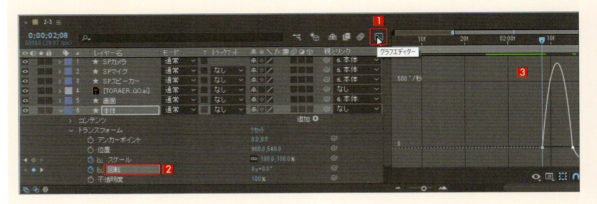

【回転】
時間【2秒08フレーム】
入る速度
速度【デフォルト】 影響【デフォルト】
出る速度
速度【デフォルト】 影響【90】

これで、本体の回転アニメーションができました。
勢いあまって回転が行き過ぎて少し戻るような動きになっています。

▶ Preview

7 スマホの回転軌道アニメーション

【タイムライン】パネルの何もない場所をクリックして、【本体】レイヤーの選択を解除します。
【レイヤー】メニューの【新規】→【シェイプレイヤー】を選択すると **1**、【タイムライン】パネルに【シェイプレイヤー1】が作成されます **2**。
【シェイプレイヤー1】**3** を開き、【コンテンツ】の右にある【追加】の ▶ をクリックして【楕円形】を選択すると **4**、【シェイプレイヤー1】の中に【楕円形パス1】が追加されます **5**。

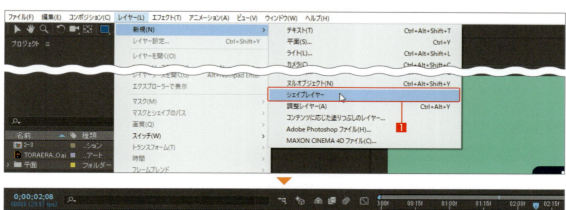

次に、【コンテンツ】の【追加】の右にある▶をクリックして【線】を選択すると ⑥、【シェイプレイヤー1】の中に【線1】が追加されます ⑦。【楕円形パス1】タブを開き ⑧、【サイズ】の数値をクリックして【850】と入力すると ⑨、画面上に正円が作成されます ⑩。

Section 2-4 アイコンを変形する

【線1】タブを開き 11、【線幅】の数値をクリックして【6】と入力します 12。
【シェイプレイヤー1】を選択して 13、Enterキーを押して【レイヤー名】を【円01】に変更します 14。
次にアニメーションを設定します。【現在の時間インジケーター】のある2秒08フレーム【0;00;02;08】の位置に 15、
【円01】をドラッグして配置します 16。
【楕円形パス1】を選択した状態で 17、【円01】レイヤーの【コンテンツ】の右にある【追加】の をクリックして【パスのトリミング】を選択すると、【パスのトリミング1】が追加されます 18。
【パスのトリミング1】タブを開き 19、【開始点】と【終了点】の数値をクリックして、それぞれ【50】と入力します 20 21。
【開始点】と【終了点】の左にある【ストップウォッチ】 をクリックして 22、キーフレームを設定します 23。

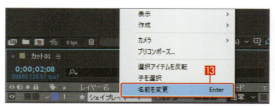 

101

また、【オフセット】の数値をクリックして【350】と入力します24。
続けて、【現在の時間インジケーター】を2秒14フレーム【0;00;02;14】に移動して25、【終了点】の数値をクリックして【100】と入力します26。
さらに、【現在の時間インジケーター】を2秒19フレーム【0;00;02;19】に移動して27、【開始点】の数値をクリックして【100】と入力します28。
次に軌道の数を増やします。
【円01】の【コンテンツ】の【追加】の右にあるをクリックして【リピーター】を選択すると29、【リピーター1】が追加されます30。

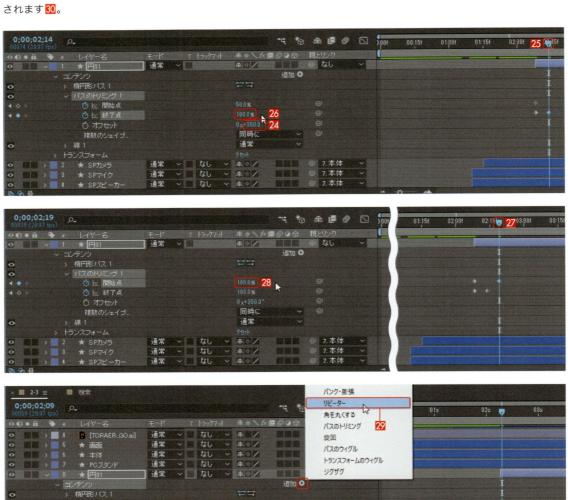

【リピーター1】タブを開いて【コピー数】の数値を【2】と入力すると31、円が2つになりました。

【トランスフォーム リピーター1】タブを開き32、【位置】の数値をクリックして【-18, 0】33、【スケール】の数値に【94】と入力します34。

さらに、【トランスフォーム】タブを開いて35、【回転】の数値をクリックして【180】と入力します36。
これで、2本の軌道ができました。

さらに、【円01】レイヤーを【編集】メニューの【複製】
（Ctrl＋Dキー）を選択して複製します。
複製された【円02】レイヤーの【トランスフォーム】タブ
を開き37、【回転】の数値をクリックして【0】と入力する
と38、反対側にも軌道が配置されました39。
Ctrlキーを押しながら【円01】レイヤーと【円02】レイ
ヤーを選択して、【PCスタンド】レイヤーの下に配置し
ます40。

これで、PCからスマホに変形するアニメーションができました。

Section 2-5 動きを装飾する

Section 2-5 動きを装飾する

ここでは、シェイプで作成できる装飾アニメーションの作り方を紹介します。

01 円の装飾アニメーション

1 円を作成する

【レイヤー】メニューの【新規】➡【シェイプレイヤー】を選択すると❶、【タイムライン】パネルに【シェイプレイヤー1】が作成されます❷。
【シェイプレイヤー1】タブを開き❸、【コンテンツ】の【追加】の右にある▶をクリックして【楕円形】を選択すると❹、【シェイプレイヤー1】の中に【楕円形パス1】が追加されます❺。

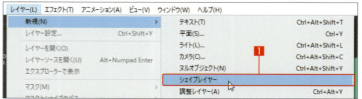

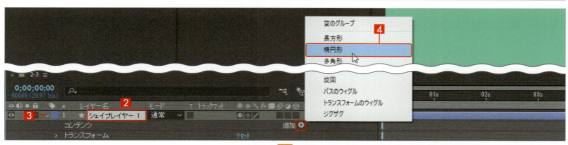

105

【コンテンツ】の【追加】の右にある▶をクリックして【塗り】を選択すると 6 、【シェイプレイヤー1】の中に【塗り1】が追加されます 7 。

【塗り1】タブを開いて【カラー】を【#F2838B】に設定すると 8 、画面上にピンク色の円が作成されます 9 。

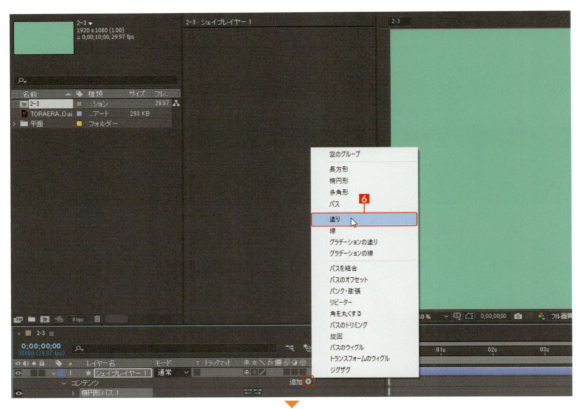

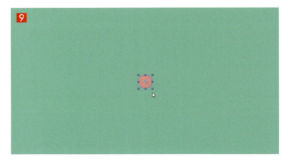

Section 2-5 動きを装飾する

2 円が広がるアニメーション

【シェイプレイヤー1】を選択して Enter キーを押し、【レイヤー名】を【丸1】に変更します 1。
次に【丸1】にアニメーションを設定します。
【現在の時間インジケーター】を1秒05フレーム【0;00;01;05】の位置に【丸1】を移動して 2、【背景】レイヤーの上に配置します 3。
【丸1】レイヤーを開いて【コンテンツ】にある【楕円形パス1】タブを開き、【サイズ】の数値をクリックして【0】と入力し 4、【サイズ】の左にある【ストップウォッチ】をクリックすると 5、キーフレームが設定されます 6。

【現在の時間インジケーター】を1秒20フレーム【0;00;01;20】に移動して 7、【サイズ】の数値をクリックして【2250】と入力します 8。
1つ目のキーフレームを選択して 9、F9 キーを押して【イージーイーズ】を適用すると 10、ピンクの正円が画面いっぱいに緩やかに広がるアニメーションができました。

107

【丸1】レイヤーを選択した状態で、【編集】メニューの【複製】（Ctrl+Dキー）を選択して複製します。複製された【丸2】レイヤー⓫を、【現在の時間インジケーター】のある2秒05フレーム【0;00;02;05】⓬に配置します⓭。

【丸2】レイヤーを開いて、【コンテンツ】にある【塗り1】タブを開きます。
【カラー】を【#FFD46C】に設定すると⓮、ピンク色の円から黄色の円に切り替わるアニメーションができました。

これで、ピンク色の円から黄色の円に切り替わるアニメーションができました。
作成した【丸1】のタイミングと色を変えた【丸2】の連続した背景切り替えの表現となります。

▶ Preview

02 四角形の装飾アニメーションを作成

1 長方形を作成する

【タイムライン】パネルの何もない場所をクリックして、【丸2】レイヤーの選択を解除します。【レイヤー】メニューの【新規】➡【シェイプレイヤー】を選択すると 1 、【タイムライン】パネルに【シェイプレイヤー1】が作成されます。
【シェイプレイヤー1】レイヤーを開き、【コンテンツ】の【追加】の右にある▶をクリックして【長方形】を選択すると 2 、【シェイプレイヤー1】の中に【長方形パス1】が追加されます 3 。
さらに【追加】の右にある▶をクリックして【線】を選択すると 4 、【シェイプレイヤー1】の中に【線1】（次ページ参照）が追加されます。

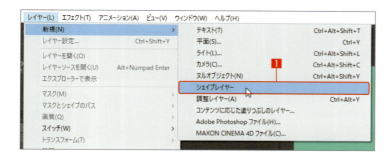

【線1】タブを開いて 5、【線幅】の数値をクリックして【500】 6、【カラー】を【#E2629F】とそれぞれ入力すると 7、画面上の長方形がピンク色になります 8。

【シェイプレイヤー1】を選択して Enter キーを押し、【レイヤー名】を【四角1】に変更します 9。

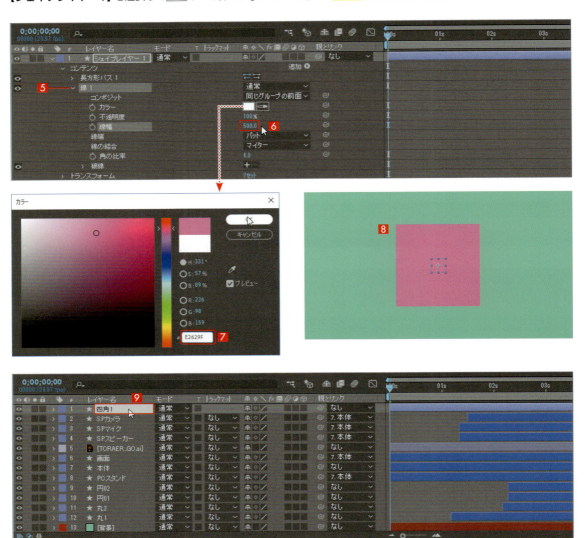

2 長方形が広がるアニメーション

【現在の時間インジケーター】のある3秒10フレーム【0;00;03;10】に 1 、【四角1】をドラッグして配置します 2 。
【長方形パス1】タブを開いて 3 、【サイズ】の数値をクリックして【0】と入力します 4 。
【サイズ】の左にある【ストップウォッチ】をクリックして 5 、キーフレームを設定します 6 。

さらに、【現在の時間インジケーター】を3秒25フレーム【0;00;03;25】に移動して 7 、【サイズ】の数値をクリックして【3000】と入力します 8 。
1つ目のキーフレームを選択して、F9キーを押して【イージーイーズ】を適用します 9 。

これで、四角形が緩やかに画面いっぱいに広がっていくアニメーションができました（次ページ参照）。

Chapter 2 【初級編】シェイプアニメーション入門

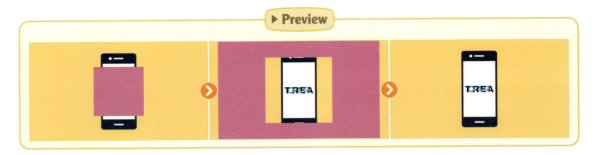

【四角1】レイヤーを選択した状態で、【編集】メニューの【複製】（Ctrl + D キー）を五回選択して5つ複製します。
線の【カラー】を変更して、図のように下記の時間にそれぞれ配置します。

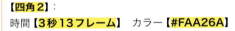

【四角2】：
時間【3秒13フレーム】　カラー【#FAA26A】

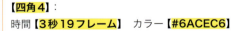

【四角4】：
時間【3秒19フレーム】　カラー【#6ACEC6】

【四角3】：
時間【3秒16フレーム】　カラー【#9A76C6】

【四角5】：
時間【3秒22フレーム】　カラー【#F6919F】

Section 2-5 動きを装飾する

【四角6】：
時間【3秒22フレーム】　カラー【#6ACEC6】

四角形が連続で画面いっぱいに広がっていくアニメーションができました。
これで、円と四角形のシェイプを装飾したアニメーションの完成です。

▶ Preview

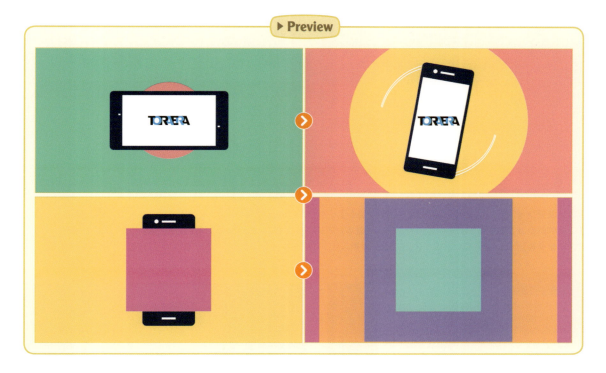

Chapter 2 【初級編】シェイプアニメーション入門

Section 2
6 検索アニメーションの作り方

シェイプのアニメーションを組み合わせて検索窓を作ってから、Section 2-3 〜 Section 2-6 で1つのインフォグラフィックスアニメーションができるまでを紹介します。

01 「検索窓」のレイアウトを作成する

1 コンポジションを作成する

【コンポジション】メニューの【新規コンポジション】（Ctrl + N キー）を選択します❶。
【コンポジション設定】ダイアログボックスの【基本】タブにある【コンポジション名】に【検索】と入力します❷。
【プリセット】から【HDTV 1080 29.97】を選択し❸、【デュレーション】に10秒【0;00;10;00】と入力します❹。

114

Section 2-6 検索アニメーションの作り方

【3Dレンダラー】タブをクリックして 5 、【レンダラー】を【クラシック3D】に設定し 6 、[OK]ボタンをクリックします 7 。

2 背景を作成する

【レイヤー】メニューの【新規】➡【平面】（Ctrl + Y キー）を選択して 1 、【平面設定】ダイアログボックスの【名前】に【背景2】と入力します 2 。
【カラー】を【#8ACCDB】に設定すると 3 、【タイムライン】パネルに水色の平面が配置されます 4 。

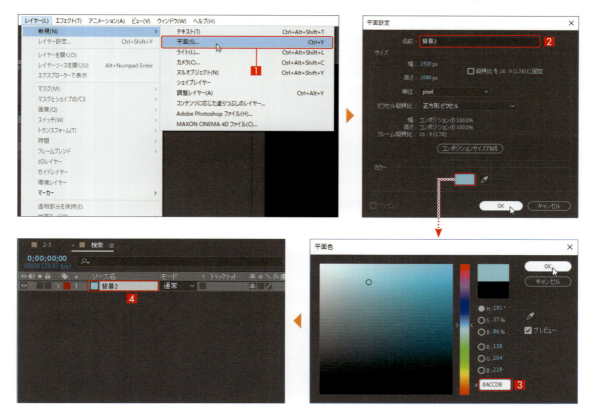

115

【レイヤー】メニューの【新規】→【シェイプレイヤー】を選択すると 5 、【タイムライン】パネルに【シェイプレイヤー1】が作成されます。
【現在の時間インジケーター】のある5フレーム【0;00;00;05】の位置に 6 、【シェイプレイヤー1】をドラッグして配置します 7 。【シェイプレイヤー1】レイヤーを開いて 8 、【コンテンツ】の【追加】の右にある▶をクリックして【長方形】を選択すると 9 、【シェイプレイヤー1】の中に【長方形パス1】が追加されます。【長方形パス1】を選択してEnterキーを押し、【レイヤー名】を【長方形1】に変更します 10 。

【長方形1】タブを開いて 11 、【サイズ】にある【現在の縦横比を固定】の【チェーンアイコン】を解除します 12 。【サイズ】の数値をクリックして【860, 110】 13 、【角丸の半径】の数値を【30】と入力すると 14 、画面上に角丸長方形が作成されます 15 。

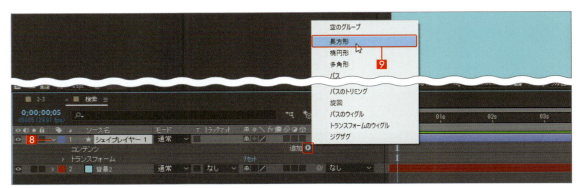

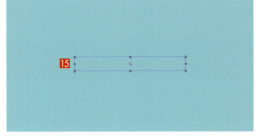

さらに、【コンテンツ】の【追加】の右にある▶をクリックして【塗り】を選択すると16、【シェイプレイヤー1】の中に【塗り1】が追加されます。
【塗り1】タブを開いて17、【カラー】を【#FFFFFF】に設定すると18、画面上の角丸長方形が白色になります19。
【シェイプレイヤー1】を選択してEnterキーを押し、【レイヤー名】を【白】に変更します20。

02 出現アニメーションを作成する

1 右から左へ移動するアニメーション

【白】レイヤーを開いて【コンテンツ】にある【長方形1】タブを開き、【位置】の数値をクリックして【920, 0】と入力し 1、【位置】の左にある【ストップウォッチ】 をクリックし 2、キーフレームを設定します 3。

次に、【現在の時間インジケーター】 を15フレーム【0;00;00;15】に移動して 4、【位置】の数値に【0, 0】と入力します 5。2つ目のキーフレームを選択して 6、F9 キーを押して【イージーイーズ】を適用します 7。

【コンテンツ】を選択して、【追加】の右にある をクリックして【長方形】を選択すると 8、【シェイプレイヤー1】の中に【長方形パス1】が追加されます。

【長方形パス1】を選択して Enter キーを押して、【レイヤー名】を【長方形2】に変更します 9。
【長方形2】タブを開き 10、【サイズ】にある【現在の縦横比を固定】の【チェーンアイコン】 を解除します 11。
【サイズ】の数値をクリックして【950, 500】と入力すると 12、画面上に長方形が作成されます 13。
【長方形2】をドラッグして、【長方形1】の上に配置します 14。

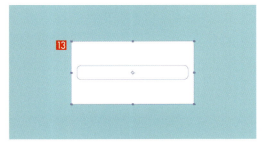

さらに【コンテンツ】を選択して、【追加】の をクリックして【パスを結合】を選択すると 15、【シェイプレイヤー1】の中に【パスを結合1】が追加されます。

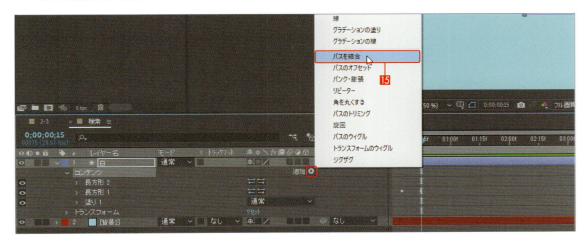

【パスを結合1】タブを開いて16、【モード】を【交差】に変更します17。

これで、何もないところから角丸長方形の白い窓が出現するアニメーションができました。
【パスの結合】の【交差】を使うことで、【長方形2】と重なった部分だけ【長方形1】が表示されるようになります。

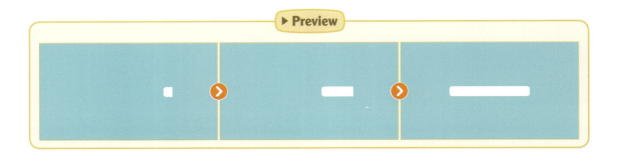

2 検索ボタンを作成する

【タイムライン】パネルの何もない場所をクリックして、【白】レイヤーの選択を解除します。【レイヤー】メニューの【新規】から【シェイプレイヤー】を選択すると 1、【タイムライン】パネルに【シェイプレイヤー1】が作成されます。【現在の時間インジケーター】のある15フレーム【0;00;00;15】の位置に移動して 2、【シェイプレイヤー1】をドラッグして配置します 3。【シェイプレイヤー1】レイヤーを開き 4、【コンテンツ】の【追加】の右にある をクリックして【長方形】を選択すると 5、【シェイプレイヤー1】の中に【長方形パス1】が追加されます。
【長方形パス1】を選択して Enter キーを押し、【レイヤー名】を【長方形1】に変更します 6。

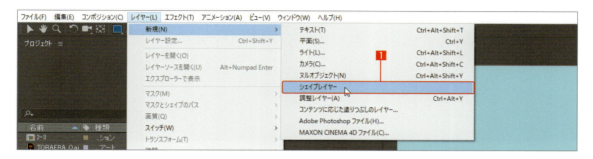

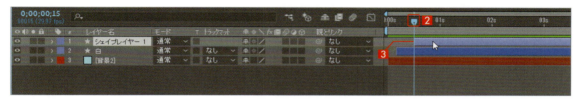

【長方形1】タブを開き⓻、【サイズ】にある【現在の縦横比を固定】の【チェーンアイコン】を解除します⓼。
【サイズ】の数値をクリックして【860, 110】⓽、【角丸の半径】に【30】と入力すると❿、画面上に角丸長方形が作成されます。
【コンテンツ】の【追加】の右にあるをクリックして【塗り】を選択すると⓫、【シェイプレイヤー2】の中に【塗り1】が追加されます。
【塗り1】タブを開き⓬、【カラー】を【#202D4A】に設定すると⓭、画面上の角丸長方形が紺色に変わります⓮。

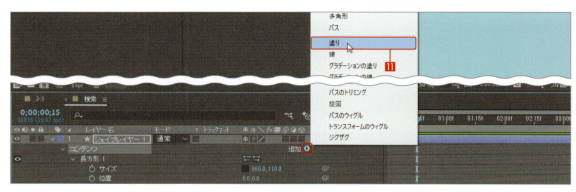

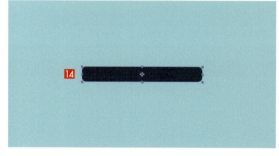

Section 2-6 検索アニメーションの作り方

次に【長方形1】を（Ctrl + D）キーで複製します⑮。
複製した【長方形2】をドラッグして、【長方形1】の上に配置します⑯。
【長方形2】タブを開き⑰、【サイズ】の数値を【400, 400】⑱、【角丸の半径】の数値を【0】⑲と入力すると、画面上に正方形が作成されます⑳。

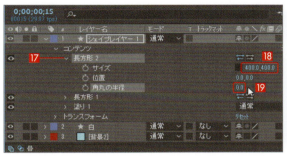
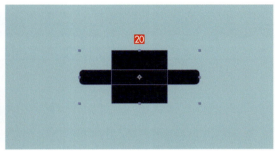

3 左から右へ移動するアニメーション

【長方形2】の【位置】の数値に【-680, 0】❶と入力して、【位置】の左にある【ストップウォッチ】 をクリックし❷、キーフレームを設定します❸。
【現在の時間インジケーター】 を29フレーム【0;00;00;29】に移動して❹、【位置】の数値に【418, 0】と入力します❺。2つ目のキーフレームを選択して❻、F9キーを押して【イージーイーズ】を適用します❼。

123

さらに【コンテンツ】を選択して、【追加】の右にある▶をクリックして【パスを結合】を選択すると 8 、【シェイプレイヤー2】の中に【パスを結合1】が追加されます。
【パスを結合1】タブを開いて 9 、【モード】を【交差】に変更します 10 。

左からスライドしてボタンが出現するアニメーションができました。

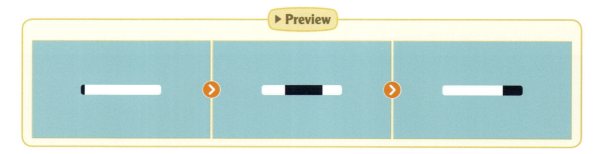

【シェイプレイヤー1】を選択してEnterキーを押し、【レイヤー名】を【ボタン】に変更します 11 。

Section 2-6 検索アニメーションの作り方

03 テキストアニメーション

1 テキストを作成する

「検索」テキストを作成します。

【テキストツール】を選択して【コンポジション】パネル上をクリックすると、画面上にカーソルが点滅して文字を入力できる状態になるので、そのまま「検索」と入力します 1。

【選択ツール】に切り替えて、フォントとパラメーターを調整します 2。

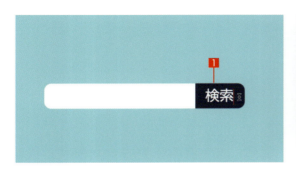

文字のパラメーター
フォント　TB新聞ゴシック Std
大きさ　　60px
カラー　　#FFFFFF

【アンカーポイントツール】に切り替えて、アンカーポイントを Ctrl キーを押しながらドラッグして文字の中央に配置します 3。

【位置】の数値をクリックして【1282, 540】と入力します 4。

18フレーム【0;00;00;18】の位置に【現在の時間インジケーター】を配置します 5。

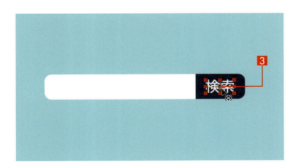

次に「トラエラ」テキストを作成します。
【テキストツール】 を選択して【コンポジション】パネル上をクリックすると、画面上にカーソルが点滅して文字を入力できる状態になるので、そのまま「トラエラ」と入力します 7 。

文字のパラメーター
フォント　源ノ角ゴシック Bold
大きさ　60px
カラー　#202D4A

【アンカーポイントツール】 に切り替えて、アンカーポイントを Ctrl キーを押しながらドラッグして文字の中央に配置します 8 。
【選択ツール】 に切り替えて、【トラエラ】レイヤーを選択します。
【トランスフォーム】タブを開き 9 、【位置】の数値をクリックして【833, 563】と入力します 10 。
【現在の時間インジケーター】 を1秒04フレーム【0;00;01;04】に移動して、【トラエラ】レイヤーをドラッグして配置します 11 。

126

2 弾んで色が変わるクリックアニメーション

【検索】レイヤーを選択して、【エフェクト】メニューの【描画】➡【塗り】を選択し 1 、エフェクトを適用します。
【エフェクトコントロール】パネルの【塗り】の【カラー】を【#FFFFFF】に変更して 2 、【現在の時間インジケーター】を2秒1フレーム【0;00;02;01】に移動します 3 。
【エフェクトコントロール】パネルの【カラー】の左にある【ストップウォッチ】をクリックして 4 、キーフレームを設定します 5 。
【現在の時間インジケーター】を2秒2フレーム【0;00;02;02】6 に移動して、【塗り】の【カラー】を【#BACCDB】に変更します 7 。

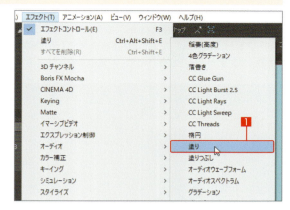

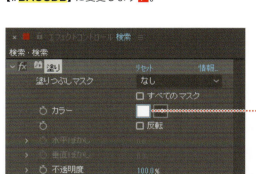

エフェクトを追加すると、レイヤープロパティにもエフェクトの設定項目が追加されます。
エフェクトのパラメーター設定は、【エフェクト】パネルとレイヤープロパティのどちらも共通で設定することができます。

さらに【現在の時間インジケーター】を2秒6フレーム【0;00;02;06】に移動して 8 、【塗り】の【カラー】を【#FFFFFF】に変更します 9 。

キーフレームをすべて選択して 10 、右クリックして【キーフレーム補間法】を選択します 11 。

【キーフレーム補間法】ダイアログボックスで【時間補間法】を【停止】に設定すると 12 、キーフレームの形が変わり 13 、「検索」の文字が「白→水色→白色」に変化するようになりました。

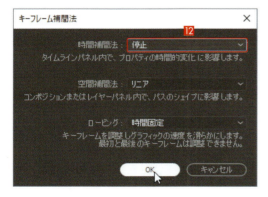

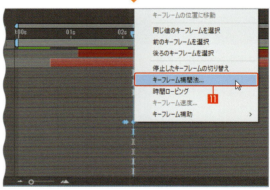

Section 2-6 検索アニメーションの作り方

【検索】レイヤーの【トランスフォーム】タブを開いて⒁、【スケール】の数値を色の変化に合わせて⒂、下記のように設定します。

時間【2秒1フレーム】	スケール【100】
時間【2秒2フレーム】	スケール【74】
時間【2秒6フレーム】	スケール【100】

これで、文字が色の変化に合わせて大きさが変わるアニメーションができました。

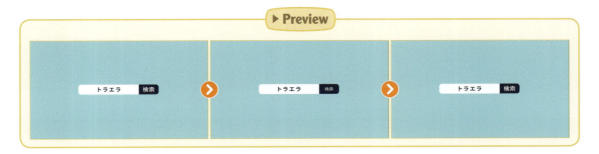

3 1文字ずつ出現する文字入力アニメーション

【**トラエラ**】レイヤーを開き 1 、【**テキスト**】の【**アニメーター**】の右にある をクリックして【**不透明度**】を選択すると 2 、【**テキスト**】の中に【**アニメーター1**】が追加されます。

【**アニメーター1**】タブを開き 3 、【**不透明度**】の数値をクリックして【**0**】と入力します 4 。

次に、【**アニメーター1**】の【**範囲セレクター**】タブを開いて 5 、アニメーションを設定します。

【**開始**】の数値をクリックして【**100**】と入力します 6 。

【**現在の時間インジケーター**】 を1秒4フレーム【**0;00;01;04**】に移動します。

【**終了**】に【**0**】と入力して 7 、左にある【**ストップウォッチ**】 をクリックし 8 、キーフレームを設定します 9 。

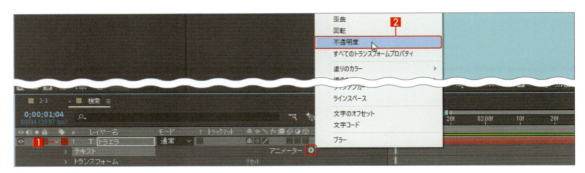

さらに、【現在の時間インジケーター】を1秒22フレーム【0;00;01;22】に移動して⑩、【終了】の数値をクリックして【100】と入力します⑪。

最後に、【高度】タブを開き⑫、【なめらかさ】の数値を【0】と入力すると⑬、文字がフェードしないで出現するようになります。

これで、検索アニメーションができました。

Chapter 2 【初級編】シェイプアニメーション入門

04 アニメーションの完成

【2-3】のコンポジションに戻ります 1 。
【四角6】レイヤーを【四角1】レイヤーの下に配置します 2 。【プロジェクト】パネルから【検索】コンポジションを選択して、【現在の時間インジケーター】 の3秒22フレーム【0;00;03;22】に移動して 3 、【SPカメラ】レイヤーの上に配置します 4 。

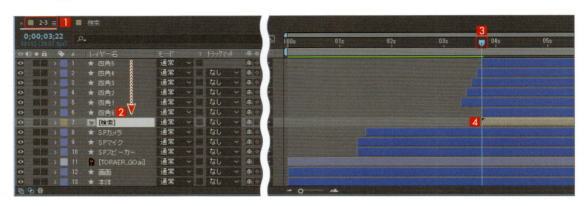

【検索】レイヤーの【トラックマット】にある【モード】のタブをクリックして、【なし】から【アルファ反転マット "四角6"】に変更します 5 。

これで、インフォグラフィックスのアニメーションが完成しました。

Chapter 3

【中級編】
シェイプとアニメーターを組み合わせる

Chapter 3では、シェイプアニメーションの実践編として、様々なシェイプとアニメーターを組み合わせた連携アニメーションを作ります。
これをマスターすると、無限大にある組み合わせで様々な動きを作ることができます。

Chapter 3 【中級編】シェイプとアニメーターを組み合わせる

Section 3-1 リピーター演出

ここでは、リピーターを使ったシェイプアニメーションの作り方を解説します。

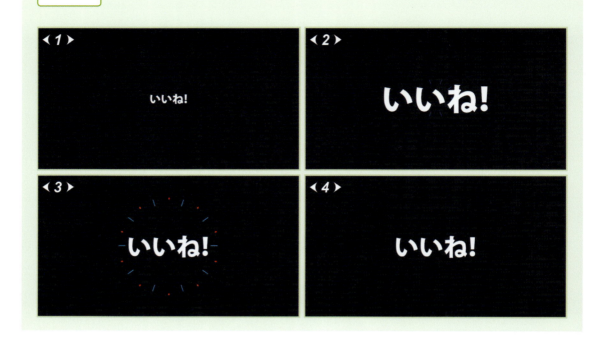

01 新規コンポジションを作成する

【コンポジション】パネルの【新規コンポジション】（Ctrl + N キー）を選択して❶、【コンポジション設定】ダイアログボックスの【基本】タブにある【コンポジション名】に【3-1】と入力します❷。
【プリセット】から【HDTV 1080 29.97】を選択して❸、【デュレーション】に3秒【0;00;03;00】と入力し❹、[OK]ボタンをクリックします❺。

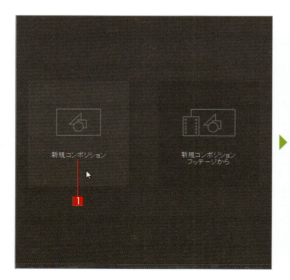

Section 3-1 リピーター演出

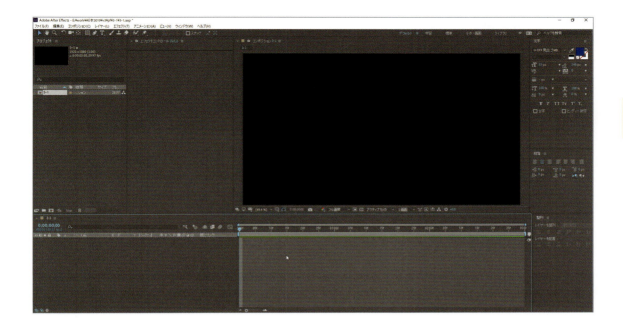

02 背景を作成する

【レイヤー】メニューの【新規】➡【平面】(Ctrl+Yキー)を選択して■、【平面設定】ダイアログボックスの【名前】に【背景】と入力し②、【カラー】を【#001143】に設定すると③、【タイムライン】パネルに紺色の平面が配置されます。

135

03 シェイプアニメーションを作成する

1 ベジェパスを作成する

タイムラインの何もないところをクリックして、【背景】の選択を解除します。
【長方形ツール】■1を選択すると、画面上部に【塗りオプション】と【線オプション】の設定パネルが表示されるので、【線オプション】2をクリックします。
【線オプション】ダイアログボックスで【なし】アイコンを選択して3、[OK]ボタンをクリックすると4、線が無効化されて【塗り】のみになりました5。
【コンポジション】パネル上をShiftキーを押しながらドラッグして正方形を描きます6。
【タイムライン】パネルに【シェイプレイヤー1】が作成されるので7、【シェイプレイヤー1】レイヤーの【コンテンツ】にある【長方形1】の【長方形パス1】タブを開き8、【サイズ】の数値に【100】と入力します9。
【トランスフォーム　長方形パス1】タブを開き10、【位置】の数値に【0, 0】と入力します11。
さらに【トランスフォーム】タブを開き12、【アンカーポイント】の数値に【0, 0】と入力します13。
【整列】パネルの【水平方向に整列】■14と【垂直方向に整列】■15をクリックして、【シェイプレイヤー1】を画面中央に配置します16。

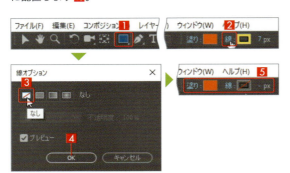

【シェイプレイヤー1】レイヤーを開いて【コンテンツ】タブの【長方形1】を展開し 17 、【長方形パス1】を右クリックして【ベジェパスに変換】を選択すると 18 、【長方形パス1】が【パス1】に変わります 19 。
これで、【選択ツール】でシェイプのポイントが選択できるようになります。
【選択ツール】に切り替えます。ポイントをダブルクリックするとアイコンが表示されるので 20 、Shift キーを押しながら左方向にドラッグするとひし形になります 21 。

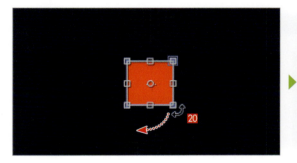

【パス1】を選択した状態で、ひし形の上の点をクリックします 22 。↑キーを5回押すと、点が上方向に移動します 23 。
同様に、ひし形の下の点をクリックして 24 、↓キーを5回押すと、点が下方向に移動します 25 。

○ TIPS　シェイプポイントの移動

シェイプポイントを移動するときに→キーを押すと、1ピクセルずつ移動させることができます。
また、Shift キーを押しながら→キーを押すと、10ピクセルずつ移動させることができます。

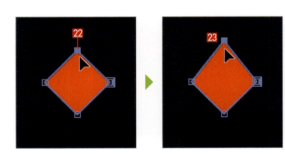
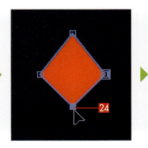

【シェイプレイヤー1】を選択して Enter キーを押し、【レイヤー名】を【ダイヤ】に変更します 26 。

2 ダイヤを増やして「円」を作る

【コンテンツ】を選択して■、【追加】の右にある▶をクリックして■、【リピーター】を選択します■。
【リピーター1】タブを開き■、【コピー数】の数値を【10】にすると■、ダイヤが10個になります■。
【トランスフォーム　リピーター1】タブを開き■、【位置】の数値に【0, 0】■、【回転】の数値に【36】■と入力すると、10個のダイヤが円状に配置されます■。

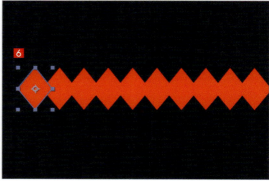

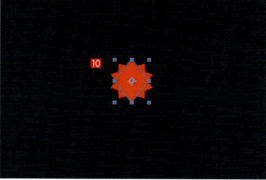

3 広がって消えていくアニメーション

【ダイヤ】にアニメーションを設定します。【現在の時間インジケーター】を5フレーム【0;00;00;05】に移動して、【ダイヤ】レイヤーをドラッグして配置します 1 。
【トランスフォーム　長方形1】タブを開き 2 、【位置】の左にある【ストップウォッチ】をクリックして 3 、キーフレームを設定します 4 。
続けて【現在の時間インジケーター】を1秒10フレーム【0;00;01;10】に移動して 5 、【位置】の数値に【0, -430】と入力します 6 。
【位置】を選択すると 7 、設定したすべてのキーフレームが選択された状態になるので、F9 キーを押して【イージーイーズ】を適用します 8 。

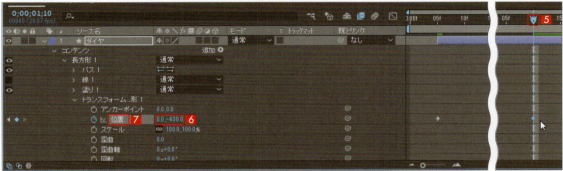

【イージーイーズ】の詳細を調整する

【グラフエディター】をクリックしてから 1 、【位置】を選択して 2 、速度グラフ※を表示します 3 。

【1秒10フレーム】のキーフレームを【選択ツール】でダブルクリックすると 4 、【キーフレーム速度】ダイアログボックスが表示されます 5 。【入る速度】と【出る速度】の2つの設定があるので、下記の数値を順番に設定します。

※速度グラフが表示されない場合は、50ページを参照

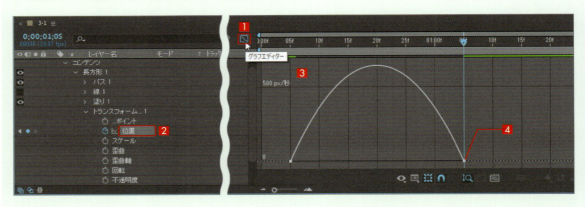

【位置】
時間【1秒10フレーム】
入る速度：速度【デフォルト】 影響【100】
出る速度：速度【デフォルト】 影響【デフォルト】

設定が終わったら、【グラフエディター】をクリックして閉じます 6 。

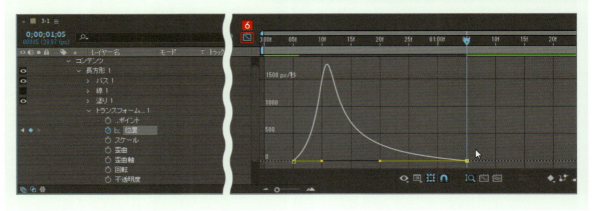

これで、ダイヤが外に広がるアニメーションができました。

▶ Preview

【現在の時間インジケーター】を5フレーム【0;00;00;05】に移動して⑩、【スケール】の数値を【0】と入力し⑪、【スケール】の左にある【ストップウォッチ】をクリックして⑫、キーフレームを設定します⑬。

次に【現在の時間インジケーター】を1秒【0;00;01;00】に移動して⑭、【スケール】の数値を【30】と入力します⑮。

さらに【現在の時間インジケーター】を1秒10フレーム【0;00;01;10】に移動して⑯、【スケール】の数値を【0】と入力します⑰。

【スケール】を選択すると⑱、設定したすべてのキーフレームが選択された状態になるので、F9キーを押して【イージーイーズ】を適用します⑲。

これで、ダイヤが外に膨らみながら消えていくアニメーションができました。

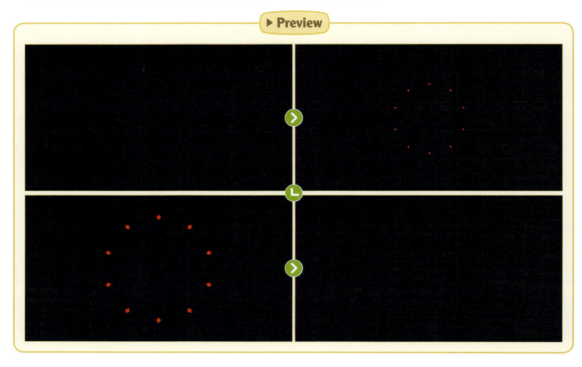

04 線アニメーションを作成する

1 線を描く

タイムラインの何もないところをクリックして、【ダイヤ】の選択を解除します。
【ペンツール】 ◢ を選択すると 1、画面の上部に【塗りオプション】と【線オプション】の設定パネルが表示されるので、【線オプション】 2 をクリックします。

【線オプション】ダイアログボックスで【単色】アイコンを選択して 3、[OK] ボタンをクリックすると 4、線の無効化が解除されます。

次に、【塗りオプション】 5 をクリックします。

【線オプション】ダイアログボックスで【なし】アイコンを選択して 6、[OK] ボタンをクリックします 7。

Section 3-1 リピーター演出

【塗り】が無効化されて、【線】のみになりました 8 。
【コンポジション】パネルの下部にある【グリッドとガイドのオプションを選択】アイコンをクリックして 9 、【定規】を選択すると 10 、【コンポジション】パネルのプレビューの上側と左側に定規が表示されます 11 。
次に【プロポーショナルグリッド】を選択すると 12 、【コンポジション】パネル全体に緑の縦線と横線が追加されます 13 。
画面上部にある目盛りにマウスポインターを移動して、下に向かってドラッグすると 14 、青い横線が引けました 15 。

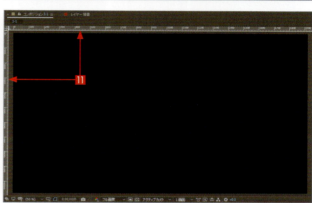

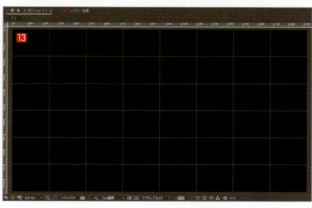

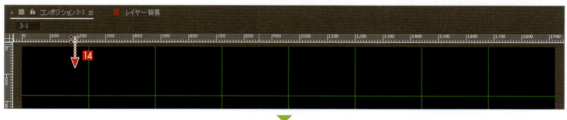

青い線を右クリックして【位置を編集】を選択すると 16 、【値を編集】ダイアログボックスが表示されます。ここでは、【ガイド位置】に【106】と入力し 17 、[OK]ボタンをクリックします 18 。

同様の操作で、もう1本線を追加します。画面上部にある目盛りにマウスポインターを移動して、下に向かってドラッグして、青い横線を引きます 19 。

青い線を右クリックして【位置を編集】を選択すると 20 、【値を編集】ダイアログボックスが表示されます。

ここでは、【ガイド位置】に【214】と入力し 21 、[OK]ボタンをクリックすると 22 、目印のガイドが完成しました 23 。

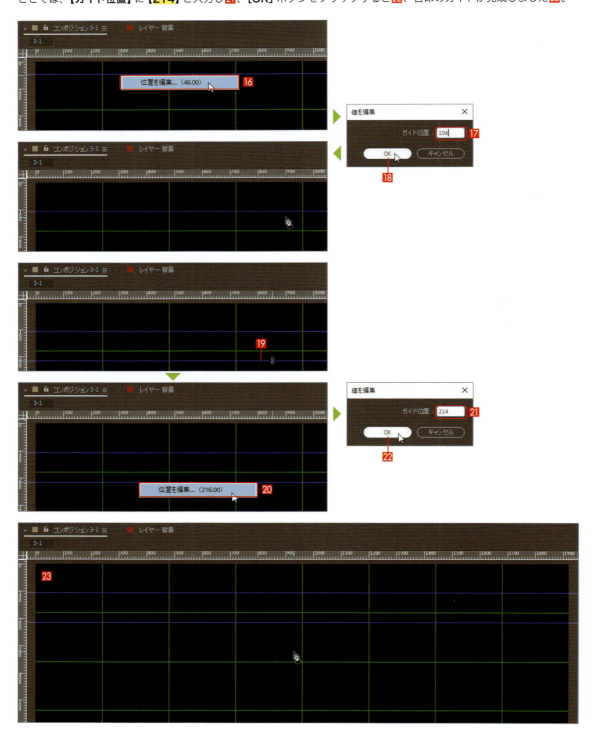

青い線と緑の線が交わっている箇所に点を打っていきます。
しかし、青い線の上には点を打つことができないので、【ビュー】メニューの【ガイドをロック】（Ctrl + Alt + Shift + ; キー）を選択します24。ガイドをロックすることにより、青い線上に点が打てるようになります。

まずは、下の青い横線と緑の中央の縦線が交差している箇所に点を打ちます25。続けて、上の青い横線と緑の中央の縦線が交差している箇所にShiftキーを押しながらもう1つ点を打つと26、点と点が結ばれて直線になります。

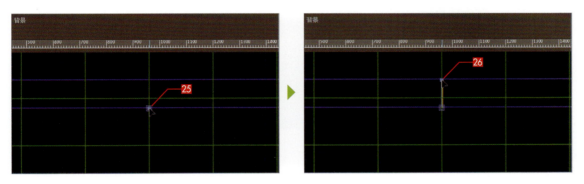

点を打ち終わったら、【コンポジション】パネルのプレビューの下部にある【グリッドとガイドのオプションを選択】アイコンをクリックします27。

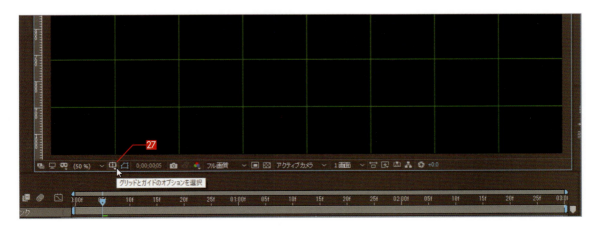

【プロポーショナルグリッド】28、【ガイド】29、【定規】30の表示を解除します。

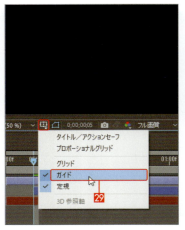

【シェイプレイヤー1】を選択して、Enterキーを押して【レイヤー名】を【線】に変更します31。【現在の時間インジケーター】を5フレーム【0;00;00;05】に移動して32、【線】レイヤーを【ダイヤ】レイヤーの時間に合わせて下に配置します33。

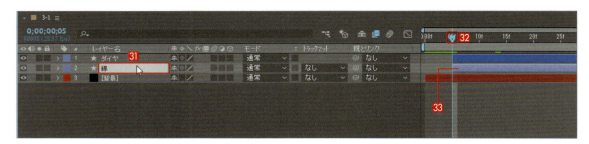

【線】レイヤーを開いて34、【コンテンツ】の【シェイプ1】にある【線1】タブを開いて、【カラー】を【#00A0E9】35、【線幅】を【6】に設定します36。

2 移動しながら消えていくアニメーション

【シェイプ1】を選択した状態で■、【追加】の右にある▶をクリックして■、【パスのトリミング】を選択し■、【パスのトリミング1】を【塗り1】の下に配置します■。

【パスのトリミング】タブを開き、【開始点】の左にある【ストップウォッチ】◯をクリックして■、キーフレームを設定します■。

次に【現在の時間インジケーター】▼を1秒10フレーム【0;00;01;10】に移動して■、【開始点】の数値を【100】と入力します■。

【開始点】をクリックして■、 F9 キーを押して【イージーイーズ】を適用します■■。

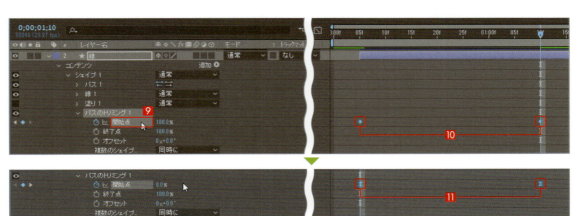

続けて【現在の時間インジケーター】を5フレーム【0;00;00;05】に移動して 12 、【トランスフォーム　シェイプ1】の【スケール】の数値を【0】と入力し 13 、【スケール】の左にある【ストップウォッチ】をクリックして 14 、キーフレームを設定します 15 。

さらに【現在の時間インジケーター】を1秒10フレーム【0;00;01;10】に移動して 16 、【スケール】の数値を【100】と入力します 17 。【スケール】の左から2つ目のキーフレームをクリックして 18 、F9 キーを押して【イージーイーズ】を適用します 19 。

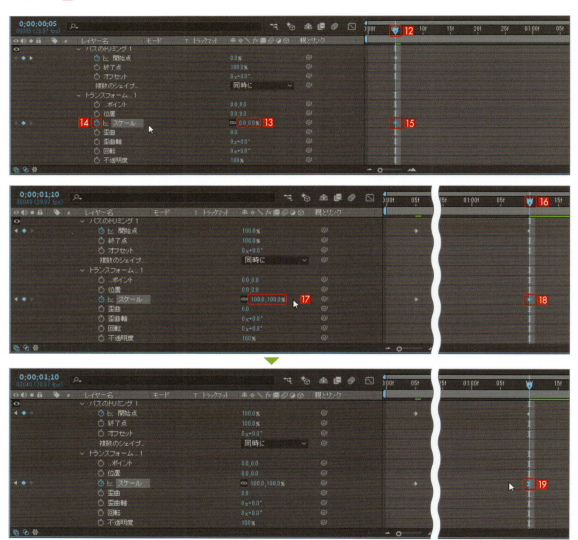

【イージーイーズ】の詳細を調整する

【グラフエディター】■をクリックしてから 1、【スケール】を選択して 2、速度グラフを表示します 3。
【1秒10フレーム】のキーフレームを【選択ツール】▶でダブルクリックすると 4、【キーフレーム速度】ダイアログボックスが表示されます 5。【入る速度】と【出る速度】の2つの設定があるので、下記の数値を順番に設定します。

※速度グラフが表示されない場合は、50ページを参照

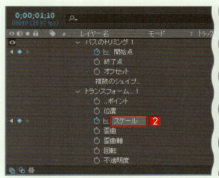

【スケール】
時間【1秒10フレーム】
入る速度
次元X：速度【デフォルト】　影響【85】
次元Y：速度【デフォルト】　影響【85】
出る速度
次元X：速度【デフォルト】　影響【デフォルト】
次元Y：速度【デフォルト】　影響【デフォルト】

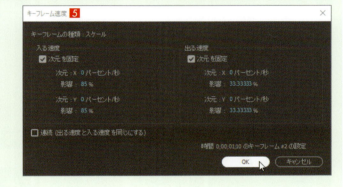

設定が終わったら、【グラフエディター】■をクリックして閉じます 6。

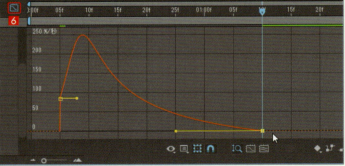

3 線を増やして「円」を作る

【コンテンツ】を選択した状態で 1 、【追加】の右にある ▶ をクリックして 2 、【リピーター】を選択します 3 。
【リピーター1】タブを開き 4 、【コピー数】の数値を【10】にすると 5 、線が10本になります 6 。
【トランスフォーム　リピーター1】タブを開き 7 、【位置】の数値を【0, 0】 8 、【回転】の数値を【36】 9 と入力すると、10本の線が円状に配置されます 10 。

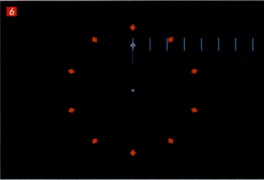

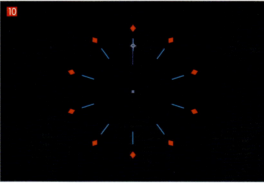

最後に【トランスフォーム】タブを開いて 11 、【アンカーポイント】の数値を【0, 0】 12 、【位置】の数値を【960, 540】 13 と入力して中央に設定します。

【回転】の数値を【18】と入力すると、線が外に膨らみながら消えていくアニメーションができました。

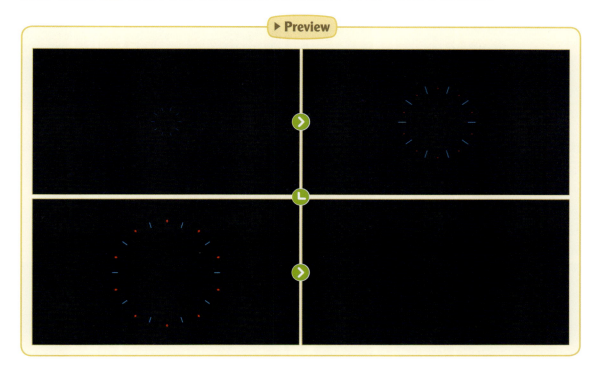

05 テキストアニメーションを作成する

1 テキストを作成する

画面の何もないところをクリックして選択を解除してから、【テキストツール】■を選択して■、【コンポジション】パネル上をクリックするとカーソルが点滅して文字が入力できる状態になるので■、そのまま「いいね！」と入力します■。

文字のパラメーター
フォント　小塚ゴシック Pro6N　H
大きさ　　180px
カラー　　#FFFFFF

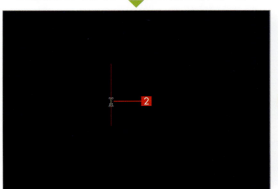

【アンカーポイントツール】 に切り替えて 4 、Ctrl キーを押しながらアンカーポイントを文字の中心に配置します 5 。【選択ツール】 に切り替えて、「いいね！」のテキストレイヤーを選択します。

【整列】パネルの【水平方向に整列】 6 と【垂直方向に整列】 7 を順にクリックして、テキストレイヤーを画面中央に配置します 8 。

2 弾んで出現するアニメーション

【現在の時間インジケーター】 を 0 秒【0;00;00;00】に移動して 1 、【トランスフォーム】タブを開きます 2 。
【スケール】の数値を【0】と入力して 3 、【スケール】の左にある【ストップウォッチ】 をクリックし 4 、キーフレームを設定します 5 。
【現在の時間インジケーター】 を 0 秒 10 フレーム【0;00;00;10】に移動して 6 、【スケール】の数値を【131】と入力します 7 。

Section 3-1 リピーター演出

【現在の時間インジケーター】■を0秒16フレーム【0;00;00;16】に移動して❽、【スケール】の数値を【100】と入力します❾。
【スケール】の左から1つ目と2つ目のキーフレームを Shift キーを押しながらクリックして、 F9 キーを押して【イージーイーズ】を適用します❿⓫。

【イージーイーズ】の詳細を調整する

【グラフエディター】■をクリックしてから❶、【スケール】を選択して❷、速度グラフ※を表示します❸。
【0秒】のキーフレームを【選択ツール】▶でダブルクリックすると❹、【キーフレーム速度】ダイアログボックスが表示されます❺。【出る速度】の【影響】を2つとも【100】に設定します。※速度グラフが表示されない場合は、50ページを参照

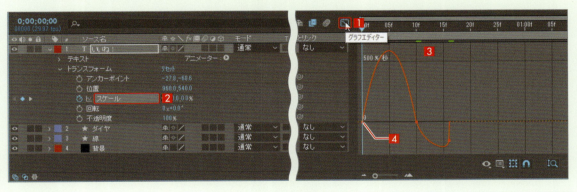

【スケール】
時間【0秒】
入る速度
次元X：速度【デフォルト】　影響【デフォルト】
次元Y：速度【デフォルト】　影響【デフォルト】
出る速度
次元X：速度【デフォルト】　影響【100】
次元Y：速度【デフォルト】　影響【100】

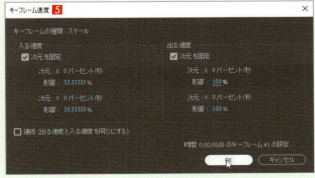

Chapter 3 【中級編】シェイプとアニメーターを組み合わせる

設定が終わったら、【グラフエディター】■をクリックして閉じます ⑥。

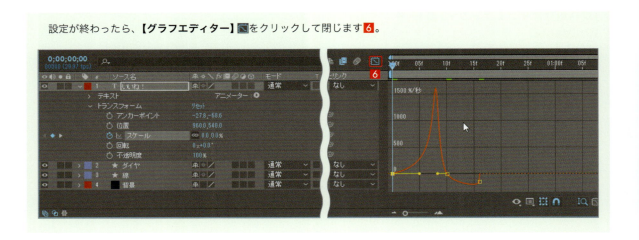

「いいね！」の文字がバウンスして出現するアニメーションができました。

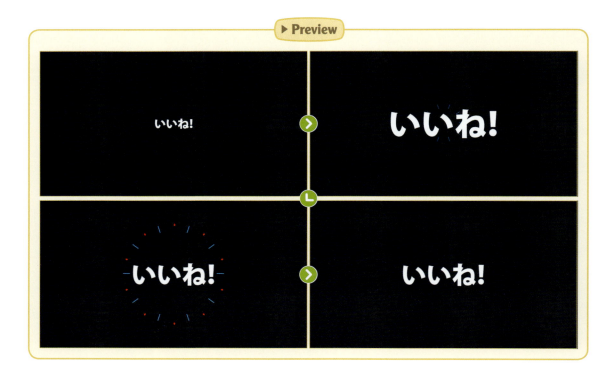

Section 3-2 シェイプの液体アニメーション

Section 3-2 シェイプの液体アニメーション

ここでは、エフェクトと組み合わせた液体演出の作り方を解説します。

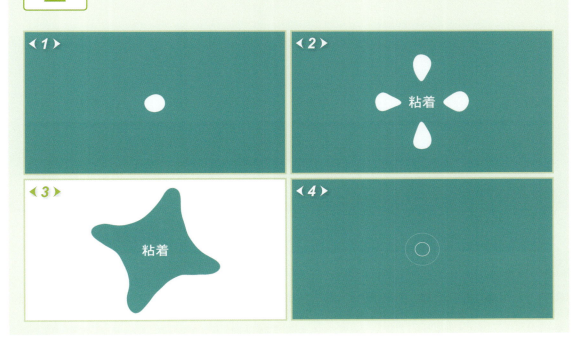

01 新規コンポジションを作成

【コンポジション】パネルの【新規コンポジション】（Ctrl + N キー）を選択して **1**、【コンポジション設定】ダイアログボックスの【基本】タブにある【コンポジション名】に【粘着】と入力します **2**。
【プリセット】から【HDTV 1080 29.97】を選択して **3**、【デュレーション】に7秒【0;00;07;00】と入力し **4**、［OK］ボタンをクリックします **5**。

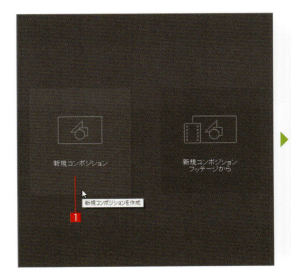

155

Chapter 3 【中級編】シェイプとアニメーターを組み合わせる

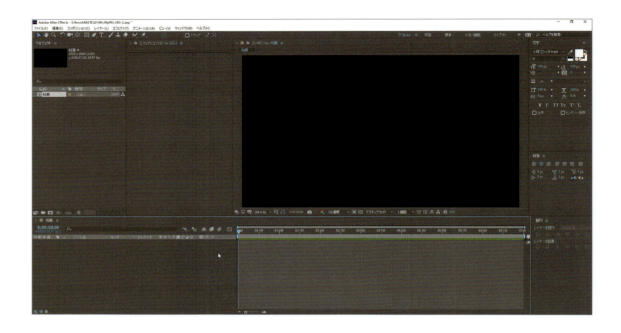

02 シェイプアニメーションを作成

1 丸1を作成

【楕円形ツール】◯を選択して 1、Shift キーを押しながら【コンポジション】パネル上をドラッグして正円を描きます 2。
【シェイプレイヤー1】が作成されるので 3、【選択ツール】▶ に切り替えて、線を非表示に設定します。
【整列】パネルの【水平方向に整列】 4 と【垂直方向に整列】 5 を順にクリックして、【シェイプレイヤー1】を画面中央に配置します 6。

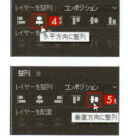

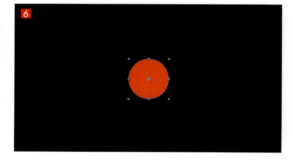

【シェイプレイヤー1】レイヤーを開いて**7**、【楕円形1】の【楕円形パス1】タブを開き、【サイズ】の数値に【**250**】と入力します**8**。

次に【塗り1】を開いて【カラー】をクリックし、【**#FFFFFF**】に設定します**9**。
【シェイプレイヤー1】を選択して、Enterキーを押して【レイヤー名】を【**丸1**】に変更します**10**。

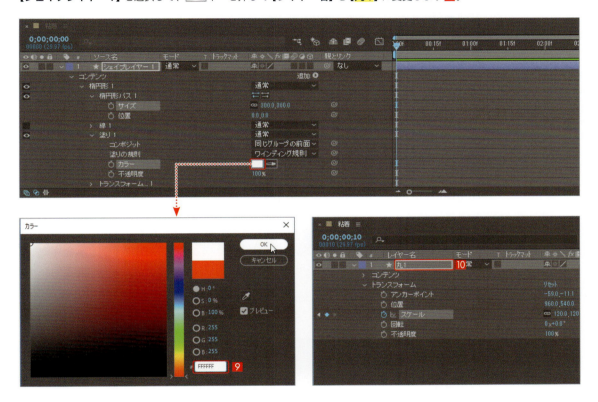

2 弾んで出現するアニメーション

【現在の時間インジケーター】を0秒【**0;00;00;00**】に移動して**1**、【トランスフォーム】タブを開きます**2**。
【スケール】の数値を【**0**】と入力して**3**。【スケール】の左にある【ストップウォッチ】をクリックし**4**、キーフレームを設定します**5**。

次に【現在の時間インジケーター】■を10フレーム【0;00;00;10】に移動して■、【スケール】の数値を【120】と入力します■。

さらに【現在の時間インジケーター】■を20フレーム【0;00;00;20】に移動して■、【スケール】の数値を【100】と入力します■。

【スケール】をクリックすると■、すべてのキーフレームが選択されるので■、F9 キーを押して【イージーイーズ】を適用します■。

【イージーイーズ】の詳細を調整する

【グラフエディター】をクリックしてから 1、【スケール】を選択して 2、速度グラフ※を表示します 3。
【0秒】のキーフレームを【選択ツール】でダブルクリックすると 4、【キーフレーム速度】ダイアログボックスが表示されます 5。【入る速度】と【出る速度】の2つの設定があるので、下記の数値を順番に設定します。

※速度グラフが表示されない場合は、50ページを参照

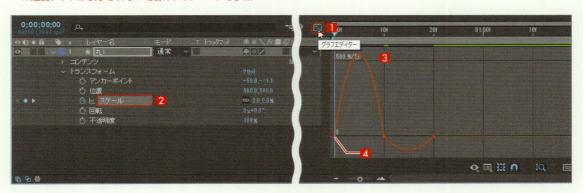

【スケール】
時間【0秒】
入る速度
次元X：速度【デフォルト】　影響【デフォルト】
次元Y：速度【デフォルト】　影響【デフォルト】
出る速度
次元X：速度【デフォルト】　影響【40】
次元Y：速度【デフォルト】　影響【40】

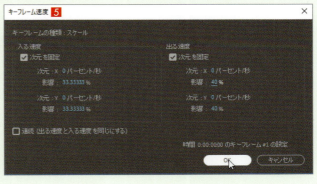

設定が終わったら、【グラフエディター】をクリックして閉じます 6。

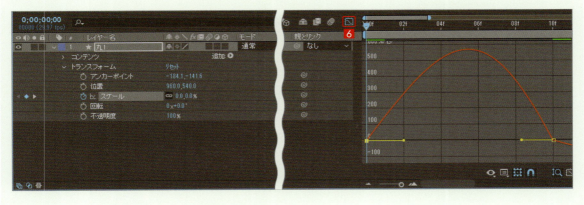

グラフを拡大して設定を行うと変化が確認できます。
これで、緩やかに円が出現するアニメーションができました。

3 移動するアニメーション

【現在の時間インジケーター】を1秒10フレーム【0;00;01;10】に移動します1。【丸1】レイヤーを選択して、【編集】メニューの【レイヤーを分割】（Ctrl + Shift + D キー）を選択して分割すると、【丸2】レイヤーが作成されます2。
【丸2】レイヤーを開いて、【コンテンツ】の【楕円形1】にある【楕円形パス1】タブを開き3、【楕円形パス1】の【位置】の左にある【ストップウォッチ】をクリックして4、キーフレームを設定します5。
続けて、【現在の時間インジケーター】を2秒【0;00;02;00】に移動して6、【位置】の数値を【-300, 0】と入力します7。

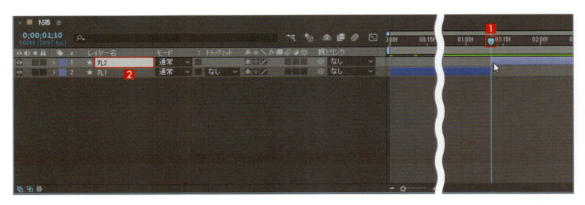

さらに、【現在の時間インジケーター】を2秒29フレーム【0;00;02;29】に移動して⁸、【位置】の左にある◆アイコンをクリックして⁹、キーフレームを設定します¹⁰。

最後に、【現在の時間インジケーター】を3秒19フレーム【0;00;03;19】に移動して¹¹、【位置】の数値を【0, 0】と入力します¹²。

キーフレームの設定が終わったら、左から2つ目と4つ目のキーフレームをShiftキーを押しながら選択し¹³、F9キーを押して【イージーイーズ】を適用します¹⁴。

【イージーイーズ】の詳細を調整する

【グラフエディター】■をクリックしてから **1**、【位置】を選択して **2**、速度グラフ※を表示します **3**。

各秒のキーフレームを【選択ツール】▶でダブルクリックすると **4**、【キーフレーム速度】ダイアログボックスが表示されます。【入る速度】の【影響】の数値を【90】にそれぞれ設定します。

※速度グラフが表示されない場合は、50ページを参照

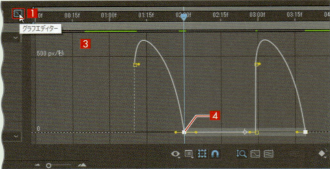

【位置】
時間【2秒】
入る速度：速度【デフォルト】 影響【90】
出る速度：速度【デフォルト】 影響【デフォルト】

【位置】
時間【3秒19フレーム】
入る速度：速度【デフォルト】 影響【90】
出る速度：速度【デフォルト】 影響【デフォルト】

設定が終わったら、【グラフエディター】■をクリックして閉じます **5**。

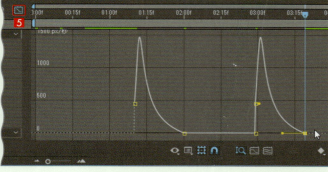

これで、円が左に移動してから元の位置に戻るアニメーションができました。

Section 3-2 シェイプの液体アニメーション

4 分裂するアニメーション

【楕円形1】レイヤーを選択した状態で、【編集】メニューの【複製】（Ctrl+Dキー）を選択して複製すると【楕円形2】レイヤーが追加されます1。

【楕円形2】レイヤー開いて【楕円形パス1】タブを開き2、【現在の時間インジケーター】を2秒【0;00;02;00】に移動して3、【位置】の数値を【300, 0】に変更します4。

さらに【現在の時間インジケーター】を2秒29フレーム【0;00;02;29】に移動して5、【位置】の数値を【300, 0】に変更すると6、1つのシェイプレイヤーの中に2つの円ができました7。

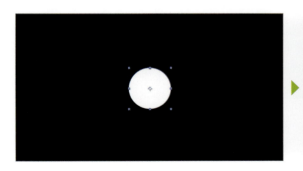
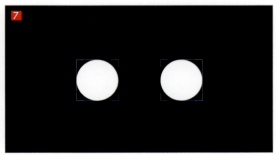

163

【楕円形2】レイヤーを選択した状態で 8 、【追加】→【パスを結合】 9 を選択すると、【パスを結合1】が追加されます。【パスを結合1】タブを開き 10 、【モード】を【中マド】 11 に変更します 12 。

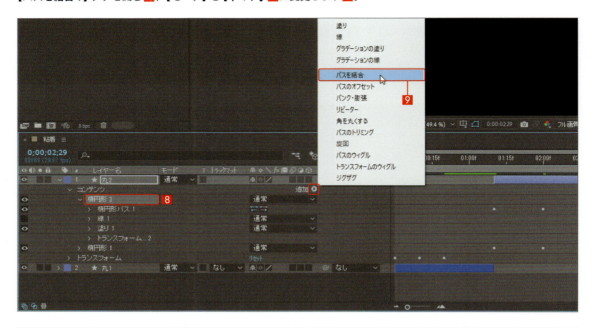

【コンテンツ】を選択した状態で⓭、【追加】→【パスを結合】⓮を選択すると、【コンテンツ】の中に【パスを結合1】が追加されます。【パスを結合1】タブを開き⓯、【モード】を【結合】に変更します⓰。
次に【コンテンツ】を選択した状態で⓱【追加】→【パスのオフセット】⓲を選択すると、【コンテンツ】の中に【パスのオフセット1】が追加されます。
【現在の時間インジケーター】を1秒20フレーム【0;00;01;20】に移動して⓳、【パスのオフセット1】タブを開きます⓴。【量】の数値を【600】と入力して㉑、左にある【ストップウォッチ】をクリックし㉒、キーフレームを設定します㉓。

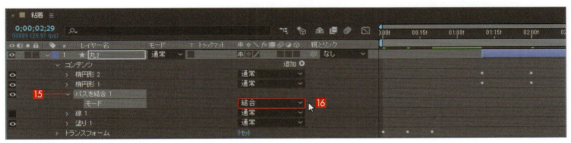

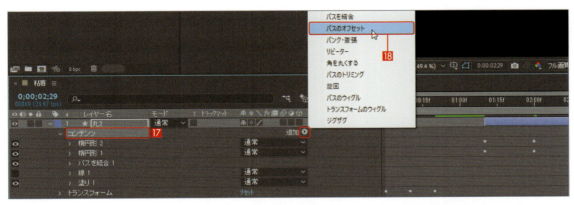

165

【現在の時間インジケーター】■を2秒【0;00;02;00】に移動して24、【量】の数値を【0】と入力します25。
キーフレームの設定が終わったら、左から2つ目のキーフレームを選択し26、F9キーを押して【イージーイーズ】を適用します27。
【線の結合】を【ラウンド】に設定し28、【角の比率】を【1】と入力します29。
次に、【パスのオフセット1】を【編集】メニューの【複製】（Ctrl＋Dキー）を選択して複製すると、【パスのオフセット2】が追加されます30。

Section 3-2 シェイプの液体アニメーション

【現在の時間インジケーター】を1秒20フレーム【0;00;01;20】に移動してから31、【パスのオフセット2】タブを開いて32、【量】の数値を【-600】と変更します33。
続けて、【線の結合】を【ラウンド】に設定し34、【角の比率】を【79】と入力すると35、円が2つに分裂するアニメーションができました。

▶ Preview

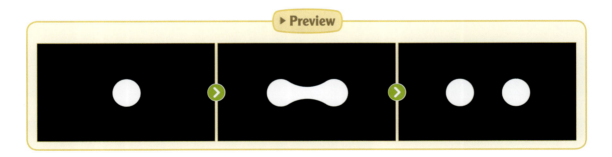

03 液体アニメーションを作成

1 粘着アニメーション

【タイムライン】パネルの何もない場所をクリックして、【丸2】レイヤーの選択を解除します。
【レイヤー】メニューの【新規】➡【調整レイヤー】(Ctrl + Alt + Yキー)を選択すると 1 、【タイムライン】パネルに【調整レイヤー1】が配置されます。
【調整レイヤー1】を選択して、Enterキーを押して【レイヤー名】を【粘着】に書き換えます 2 。
【粘着】を選択した状態で【エフェクト】メニューの【ブラー&シャープ】➡【高速ボックスブラー】を選択すると 3 、エフェクトが適用されます。【エフェクトコントロール】パネルの【高速ボックスブラー】を設定します 4 。

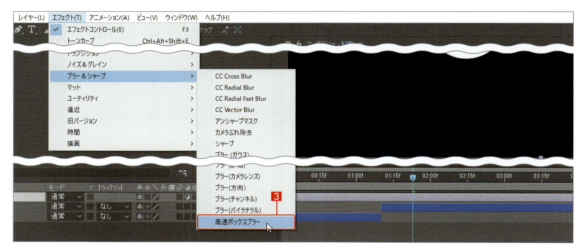

高速ボックスブラー
ブラーの半径 【40】

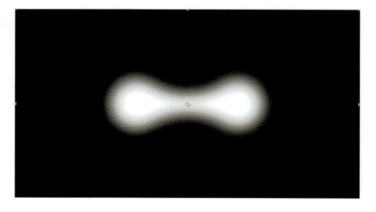

これで、すべての円にボケの効果が追加されました。

さらに、【エフェクト】メニューの【マット】➡【チョーク】を選択するとエフェクトが適用されます 5。
【エフェクトコントロール】パネルの【チョーク】を設定します 6。

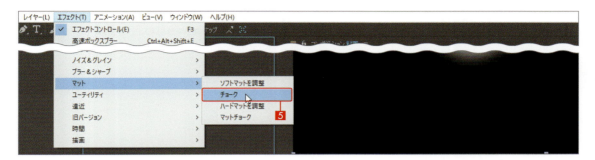

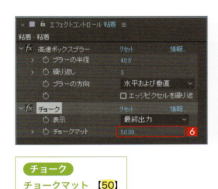

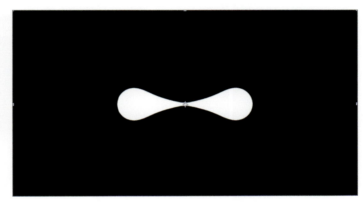

これで、結合表現の粘り気が増しました。
さらに、【エフェクト】メニューの【ディストーション】➡【タービュレントディスプレイス】を選択すると 7、エフェクトが適用されます。
【エフェクトコントロール】パネルの【タービュレントディスプレイス】を選択して、【量】を【25】 8、【サイズ】を【50】と入力します 9。

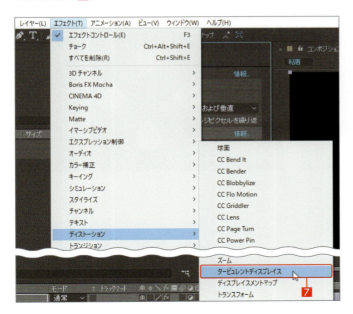

Chapter 3 【中級編】シェイプとアニメーターを組み合わせる

【展開】の左にある【ストップウォッチ】 を Alt キーを押しながらクリックして 10 、タイムラインを展開します。
【effect("タービュレントディスプレイス)(6)】と表示されている箇所を【time*200】と書き換えると 11 、円が揺らぎ続けるようになりました 12 。

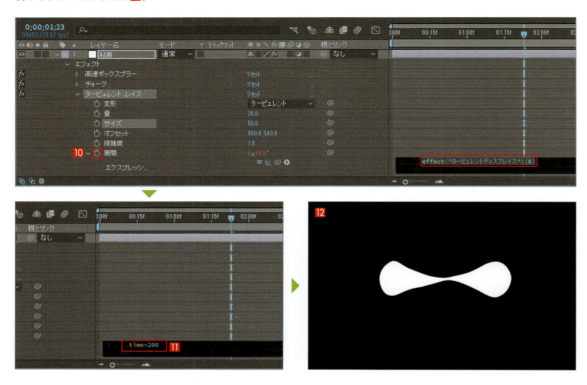

2 液体を増やす

【丸2】レイヤーを選択して、【編集】メニューの【複製】（ Ctrl + D キー）を選択して複製します。
複製した【丸3】レイヤーを開いて 1 、【トランスフォーム】タブを開き 2 、【回転】の数値に【90】と入力すると 3 、円が4つに分裂するアニメーションができました 4 。

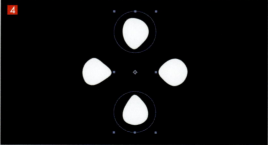

170

Section 3-2 シェイプの液体アニメーション

3 親子関係を設定する

【タイムライン】パネルの何もない場所をクリックして、【丸3】レイヤーの選択を解除します。
【レイヤー】メニューの【新規】→ヌルオブジェクト（Ctrl + Alt + Shift + Yキー）を選択すると 1 、【ヌル1】レイヤーが【タイムライン】パネルに配置されます 2 。
【ヌル1】レイヤーを【粘着】レイヤーの下にドラッグして配置してから、Shiftキーを押しながら【丸2】レイヤーと【丸3】レイヤーをクリックして選択します。【丸2】レイヤーの右にある【ピックウィップ】アイコン◎をクリックしてドラッグすると線が伸びるので 3 、【ヌル1】にドロップすると、【ヌル1】レイヤーが【丸2】レイヤーと【丸3】レイヤーの親レイヤーになりました 4 。
このように、レイヤーの親子設定をすることで、親レイヤーの動きに子レイヤーが追従するようになります。

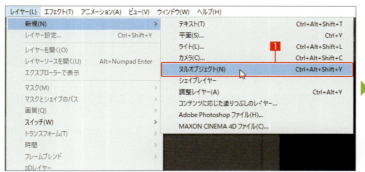

4 親レイヤーの動きを子レイヤーに追従させる

【現在の時間インジケーター】を2秒9フレーム【0;00;02;09】に移動して1、【ヌル1】レイヤーの【トランスフォーム】タブを開きます2。

【スケール】の左にある【ストップウォッチ】をクリックすると3、キーフレームが設定されます4。

【現在の時間インジケーター】を2秒29フレーム【0;00;02;29】に移動して5、【スケール】の数値を【400】と入力します6。

さらに【現在の時間インジケーター】を3秒19フレーム【0;00;03;19】に移動して7、【スケール】の数値を【100】と入力します8。

【現在の時間インジケーター】■を3秒29フレーム【0;00;03;29】に移動して❾、【スケール】の数値を【150】と入力します❿。

続けて【現在の時間インジケーター】■を4秒9フレーム【0;00;04;09】に移動して⓫、【スケール】の数値を【0】と入力します⓬。

キーフレームの設定が終わったらShiftキーを押しながら、左から1つ目、3つ目、4つ目、5つ目のキーフレームを選択⓭、F9でイージーイーズを適用します⓮。

5 動きを増やす

【ヌル1】に【回転】のアニメーションを設定します。

【現在の時間インジケーター】を2秒09フレーム【0;00;02;09】に移動して ①、【回転】の左にある【ストップウォッチ】
 をクリックすると ②、キーフレームが設定されます ③。

続いて【現在の時間インジケーター】 を3秒19フレーム【0;00;03;19】に移動して ④、【回転】の数値を
【360(1+0.0)】と入力します。【360】と入力すると、一回転して表記が【1+0.0】となります ⑤。

【回転】⑥をクリックするとすべてのキーフレームが選択されるので ⑦、 F9 を押してイージーイーズを適用します ⑧。

Section 3-2 シェイプの液体アニメーション

【イージーイーズ】の詳細を調整する

【グラフエディター】をクリックしてから 1、【回転】を選択して 2、速度グラフ※を表示します 3。
各秒のキーフレームを【選択ツール】でダブルクリックすると 4、【キーフレーム速度】ダイアログボックスが表示されます。【入る速度】と【出る速度】の2つの設定があるので、下記の数値を順番に設定します。

※速度グラフが表示されない場合は、50ページを参照

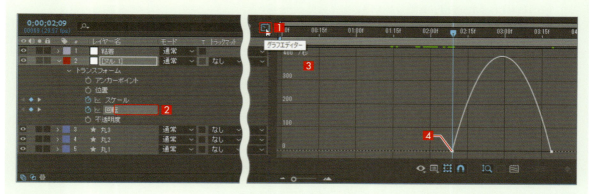

【位置】
時間【2秒9フレーム】
入る速度：速度【デフォルト】　影響【デフォルト】
出る速度：速度【デフォルト】　影響【60】

【位置】
時間【3秒19フレーム】
入る速度：速度【デフォルト】　影響【60】
出る速度：速度【デフォルト】　影響【デフォルト】

設定が終わったら、【グラフエディター】をクリックして閉じます 5。

これで、ヌルの動きに円が追従するアニメーションができました。

6 軌跡を描くアニメーション

【タイムライン】パネルの何もない場所をクリックして、【ヌル1】レイヤーの選択を解除します。
【レイヤー】メニューの【新規】➡【調整レイヤー】(Ctrl + Alt + Yキー) を選択すると❶、【タイムライン】パネルに【調整レイヤー2】レイヤーが配置されます。
【調整レイヤー2】レイヤーを選択してEnterキーを押し、【レイヤー名】を【エコー】に変更します❷。
【現在の時間インジケーター】を2秒9フレーム【0;00;02;09】に移動して❸、【エコー】レイヤーをドラッグして移動してから【粘着】レイヤーの下に配置します❹。

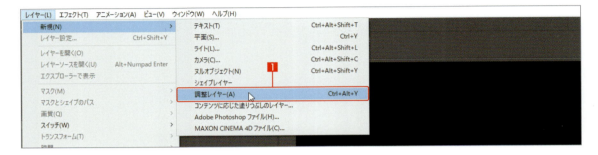

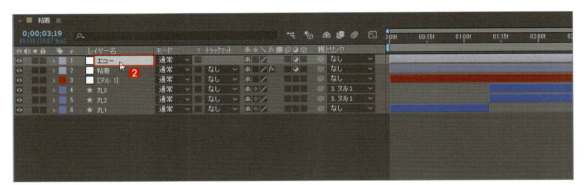

Section 3-2 シェイプの液体アニメーション

【エコー】を選択した状態にして 5 、【エフェクト】メニューの【時間】➡【エコー】を選択すると 6 、エフェクトが適用されます 7 。
【エフェクトコントロール】パネルの【エコー】を設定します 8 。

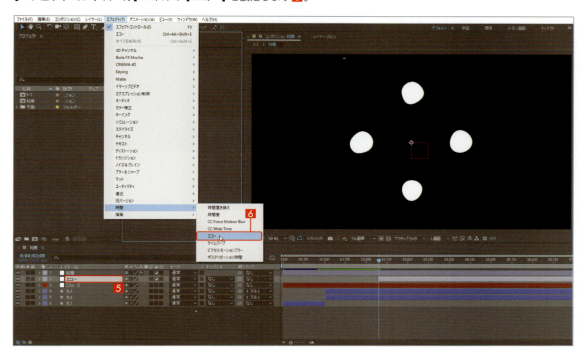

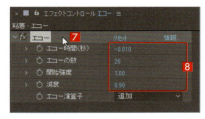

エコー	
エコー時間(秒)	【-0.010】
エコーの数	【26】
減衰	【0.90】

このままでは円が膨れ上がった時にエッジが切れているので、【エコー】レイヤーを開いて 9 、【トランスフォーム】タブの【スケール】の数値に【120】 10 と入力すると、円が伸びた際の軌跡が追加されました 11 。

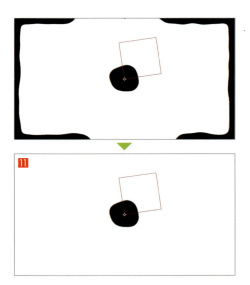

177

7 円が消えるアニメーション

【丸1】レイヤーを選択した状態で、【編集】メニューの【複製】（Ctrl + D キー）を選択して複製します 1。

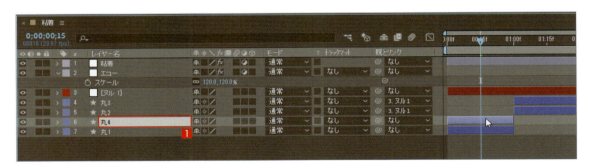

【丸4】レイヤーを選択して Enter キーを押し、【レイヤー名】を【円1】に変更します 2。
【現在の時間インジケーター】3秒29フレーム【0;00;03;29】の位置に 3、【円1】レイヤーをドラッグして1番上に配置します 4。
【円1】レイヤーの右端にポインターをドラッグすると ←→ アイコンが表示されるので、クリックしながら右へドラッグしてレイヤーを伸ばします 5。

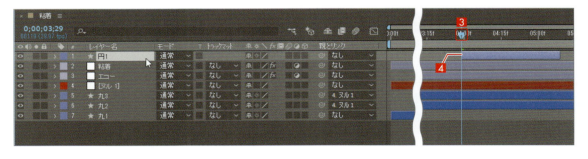

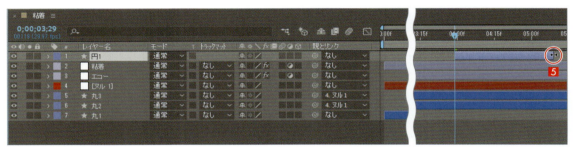

【円1】レイヤーを開いて【トランスフォーム】タブを開き 6 、【スケール】にあるキーフレームをドラッグで囲んで選択し 7 、 Delete キーで削除してから【スケール】の数値をクリックして【100】と入力します 8 。
さらに【円1】レイヤーの【コンテンツ】タブを開き、【楕円形パス1】にある【サイズ】の数値を【0】と入力し 9 、【サイズ】の左にある【ストップウォッチ】をクリックすると 10 、キーフレームが設定されます 11 。

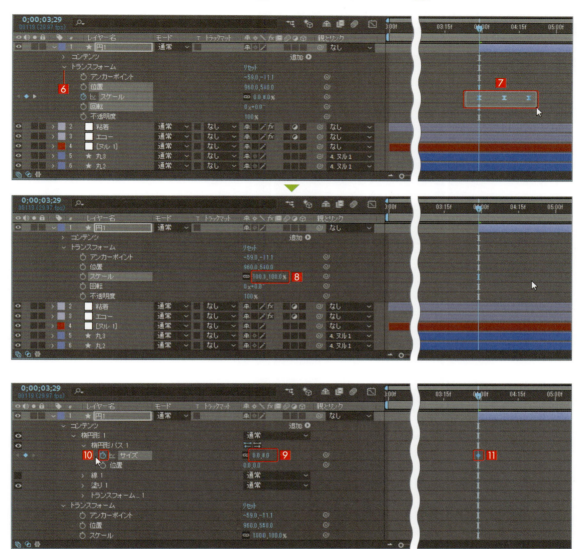

【線1】の左にある【ビデオ】 （目）スイッチをクリックして非表示を解除してから 12 、【線1】タブを開いて【線幅】の数値を【5】と入力し 13 、【線幅】の左にある【ストップウォッチ】 をクリックすると 14 、キーフレームが設定されます 15 。また、【塗り1】の左にある【ビデオ】 （目）スイッチをクリックして塗りを非表示にします。

続けて【現在の時間インジケーター】 を4秒29フレーム【0;00;04;29】に移動して 16 、【楕円形パス1】の【サイズ】の数値を【300】 17 、【線1】の【線幅】の数値を【0】と入力します 18 。

キーフレームの設定が終わったら【サイズ】をクリックして 19 、すべてのキーフレームを選択してから、F9 キーを押して【イージーイーズ】を適用します 20 。

同様に、【線幅】をクリックして 21 、すべてのキーフレームを選択してから、F9 キーを押して【イージーイーズ】を適用します 22 。

Section 3-2 シェイプの液体アニメーション

8 円2を作成する

【円1】レイヤーを選択した状態で、【編集】メニューの【複製】（ Ctrl ＋ D キー）を選択して複製します。
【現在の時間インジケーター】■を4秒9フレーム【0;00;04;09】に移動し■、複製した【円2】を配置します■。

　これで、円がグニャグニャになりながら分裂して、再び混ざりあってから波紋になって消えるアニメーションができました。

▶ Preview

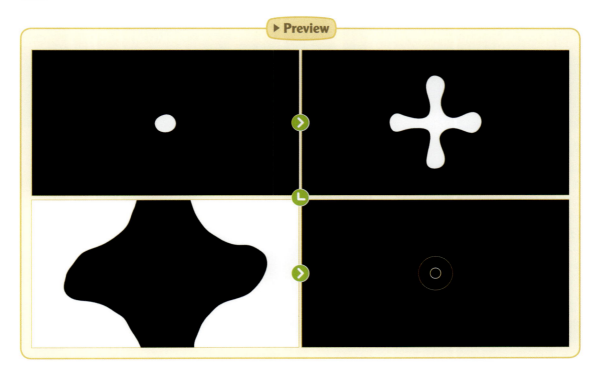

04 シェイプアニメーションとテキストを合成する

1 コンポジションを作成

【コンポジション】メニューの【新規コンポジション】（Ctrl + N キー）を選択します 1。
【コンポジション設定】ダイアログボックスの【基本】タブにある【コンポジション名】に【3-2】と入力します 2。
【プリセット】から【HDTV 1080 29.97】を選択して 3、【デュレーション】に7秒【0;00;07;00】と入力して 4、[OK]ボタンをクリックします 5。

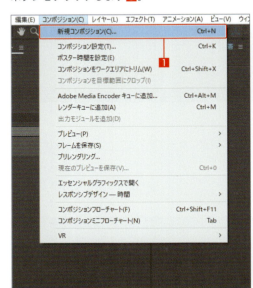

2 背景を作成

【レイヤー】メニューの【新規】→【平面】（Ctrl + Y キー）を選択して 1、【平面設定】ダイアログボックスの【名前】に【背景】と入力します 2。
【カラー】を【#20A5AD】に設定すると 3、【タイムライン】パネルに緑色の平面が配置されます 4。

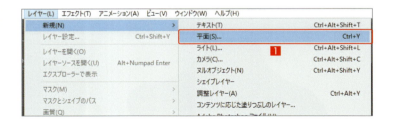

Section 3-2 シェイプの液体アニメーション

3 テキストを作成

【テキストツール】■を選択してから■、**【コンポジション】**パネル上をクリックすると画面上にカーソルが点滅して文字の入力状態となるので■、そのまま「粘着」と入力します■。

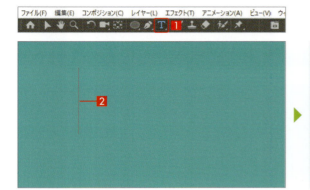

文字のパラメーター
- フォント　平成角ゴシック StdN
- 大きさ　　500px
- カラー　　#FFFFFF

4 液体演出の完成

【アンカーポイントツール】を選択して、Ctrlキーを押しながらアンカーポイントを中心に配置します■。**【選択ツール】**■に切り替えて、「粘着」を選択した状態で**【整列】**パネルの**【水平方向に整列】**■■と**【垂直方向に整列】**■■を順にクリックし、画面中央に配置します■。
【粘着】レイヤーを開いて**【トランスフォーム】**タブを開き■、**【スケール】**の数値を**【20】**と入力します■。

183

【現在の時間インジケーター】を1秒20フレーム【0;00;01;20】に移動して ⑥、「粘着」を配置します ⑦。
【現在の時間インジケーター】を3秒16フレーム【0;00;03;16】に移動して、【編集】メニューの【レイヤーを分割】
（ Ctrl ＋ Shift ＋ D キー）を選択して分割します ⑧。分割した後ろのレイヤーを Delete キーで削除します ⑨。

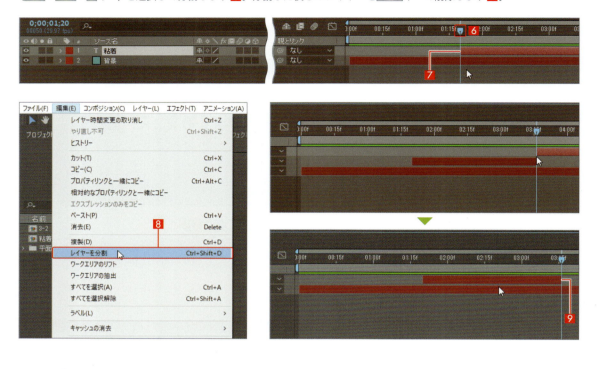

最後に、【プロジェクト】パネルから【粘着】コンポジションをドラッグして ⑩、【タイムライン】パネルに配置します ⑪。

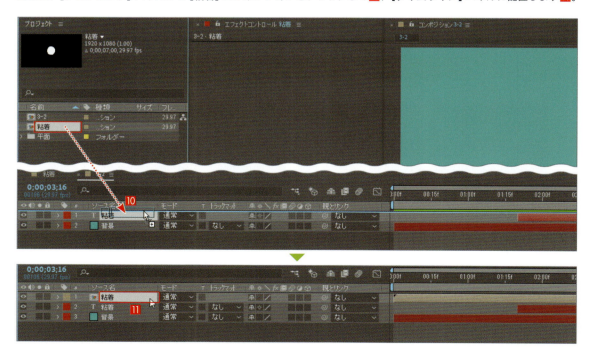

これで、アニメーションが完成しました。

Section 3-3 図形の組み合わせによるアニメーション

Section 3-3 図形の組み合わせによるアニメーション

ここでは、複数の図形を組み合わせたアニメーションの作り方を解説します。

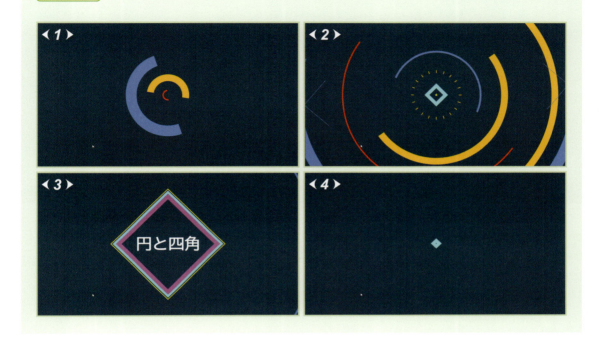

01 新規コンポジションを作成する

【コンポジション】パネルの【新規コンポジション】（Ctrl+Nキー）を選択して❶、【コンポジション設定】ダイアログボックスの【基本】タブにある【コンポジション名】に【3-3】と入力します❷。
【プリセット】から【HDTV 1080 29.97】を選択して❸、【デュレーション】に4秒【0;00;04;00】と入力し❹、[OK]ボタンをクリックします❺。

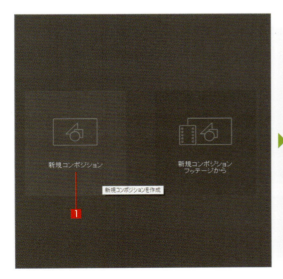
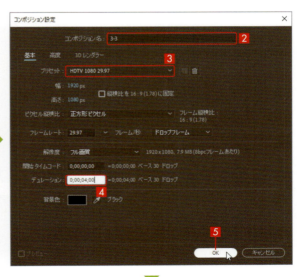

185

Chapter 3 【中級編】シェイプとアニメーターを組み合わせる

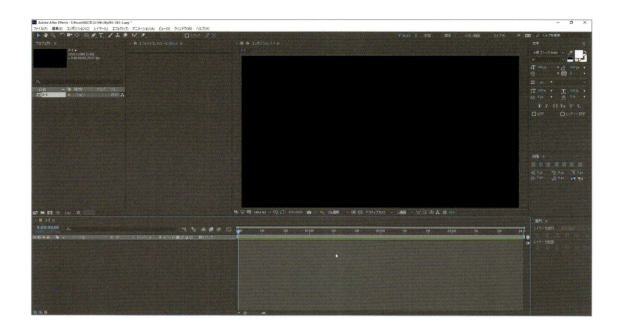

02 背景を作成する

【レイヤー】メニューの【新規】➡【平面】(Ctrl+Yキー)を選択して❶、【平面設定】ダイアログボックスの【名前】に【背景】と入力します❷。
【カラー】を【#003A55】に設定すると❸、【タイムライン】パネルに紺色の平面が配置されます❹。

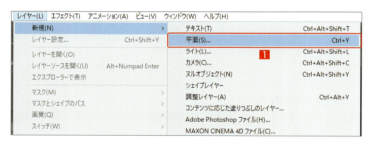

Section 3-3　図形の組み合わせによるアニメーション

03　円のアニメーションを作成する

1 楕円形を作成

【タイムライン】パネルの何もない場所をクリックして、【背景】レイヤーの選択を解除します。
【楕円形ツール】■を選択して①、Shiftキーを押しながら【コンポジション】パネル上をドラッグして正円を描きます②。
【選択ツール】▶に切り替えて、【整列】パネルの【水平方向に整列】■③と【垂直方向に整列】■④を順にクリックして、円を画面中央に配置します⑤。

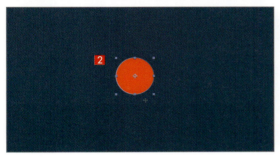
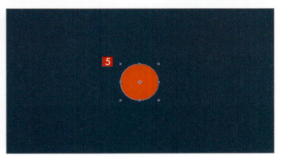

【シェイプレイヤー1】レイヤーを開いて⑥、【楕円形1】→【楕円形パス1】→【線1】の【カラー】をクリックし、【#0087FF】と入力します⑦。また、【線幅】の数値を【80】と入力します⑧。
【塗り1】の左にある【ビデオ】●（目）スイッチをクリックして、非表示にします⑨。
【シェイプレイヤー1】レイヤーを選択して、Enterキーを押して【レイヤー名】を【円1】に変更します⑩。

187

2 広がっていくアニメーション

【現在の時間インジケーター】を0秒**【0;00;00;00】**に移動してから１、**【楕円形パス1】**の**【サイズ】**の数値を**【0】**と入力します２。**【サイズ】**の左にある**【ストップウォッチ】**をクリックして３、キーフレームを設定します４。

【現在の時間インジケーター】を1秒**【0;00;01;00】**に移動して５、**【サイズ】**の数値を**【2500】**と入力すると６、円が広がっていくアニメーションになりました。
キーフレームを設定して**【サイズ】**をクリックすると７、すべてのキーフレームが選択されるので８、 F9 キーを押して**【イージーイーズ】**を適用します９。

Section 3-3 図形の組み合わせによるアニメーション

▶ Preview

3 線の範囲を変える

【コンテンツ】を選択した状態で■、【追加】の右にある▶をクリックして、【パスのトリミング】を選択します■。
追加された【パスのトリミング1】タブを開いて■、【開始点】の数値を【50】と入力します■。

4 動きの追加

【現在の時間インジケーター】■を0秒【0;00;00;00】に移動して■、【トランスフォーム】タブを開き■、【回転】の左
にある【ストップウォッチ】■をクリックして■、キーフレームを設定します■。

さらに【現在の時間インジケーター】を1秒【0;00;01:00】に移動して 5 、【回転】の数値を【-90】と入力します 6 。【回転】をクリックすると 7 、すべてのキーフレームが選択されるので、F9キーを押して【イージーイーズ】を適用します 8 。

これで、ベースとなる円アニメーションが完成しました。

5 アニメーションの装飾

【円1】を選択した状態で、【編集】メニューの【複製】（Ctrl＋Dキー）を4回選択して、【楕円形】を4つ複製します。
複製した【円2】～【円5】を以下のように調整して色と形とタイミングをずらして配置します。

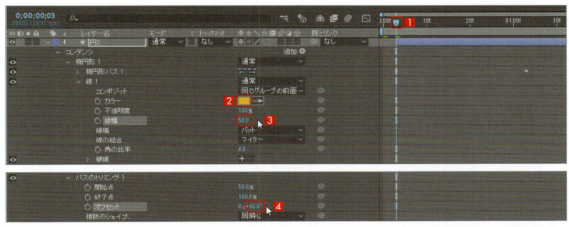

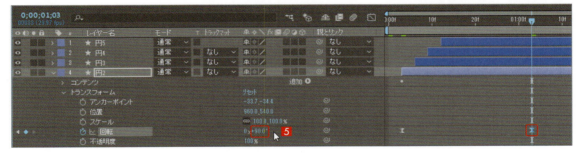

【円3】
1 時間【6フレーム】
《線1》
2 カラー【FF0000】
3 線幅【10】
《パスのトリミング1》
4 オフセット【-5】

【円4】
1 時間【9フレーム】
《線1》
2 カラー【FFC600】
3 線幅【50】
《パスのトリミング1》
4 オフセット【-90】

Section 3-3 図形の組み合わせによるアニメーション

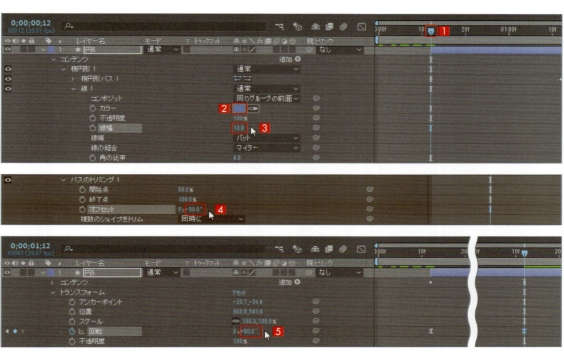

これで、複数の円によるシェイプアニメーションが完成しました。

▶ Preview

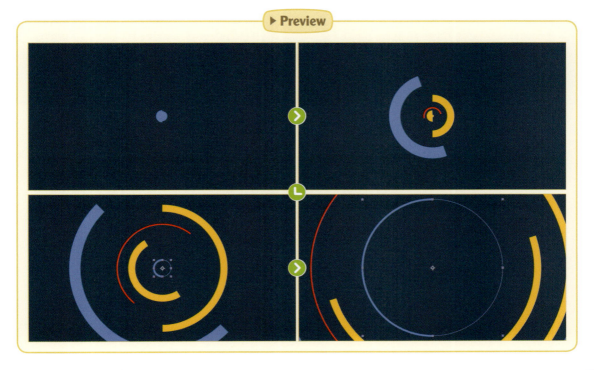

04 四角形アニメーションの作成

1 四角形を作成

【タイムライン】パネルの何もない場所をクリックして、【円5】の選択を解除します。
【楕円形ツール】■を長押しして【長方形ツール】■を選択し 1、【コンポジション】パネル上で Shift キーを押しながらドラッグして、正方形を描きます 2。
【選択ツール】▶に切り替えて、【整列】パネルの【水平方向に整列】■ 3 と【垂直方向に整列】■ 4 を順にクリックして、長方形を画面中央に配置します 5。
【現在の時間インジケーター】▼を18フレーム【0;00;00;18】に移動して 6、【シェイプレイヤー1】を配置します 7。

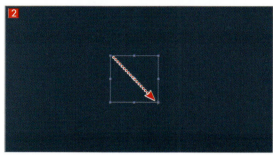

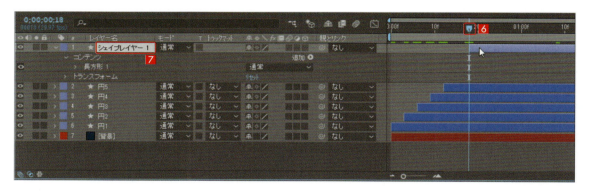

Section 3-3 図形の組み合わせによるアニメーション

【シェイプレイヤー1】レイヤーを開いて、【コンテンツ】→【長方形1】→【塗り 1】を非表示にします。
【シェイプレイヤー1】レイヤーの【コンテンツ】→【長方形1】→【線1】タブを開き、【カラー】をクリックして【#00E1FF】8 と入力します。また、【線幅】の数値を【25】と入力します9。
【トランスフォーム　長方形1】タブを開いて10、【回転】の数値を【45】と入力します11。
【シェイプレイヤー1】レイヤーを選択して、Enterキーを押して【レイヤー名】を【四角1】に変更します12。

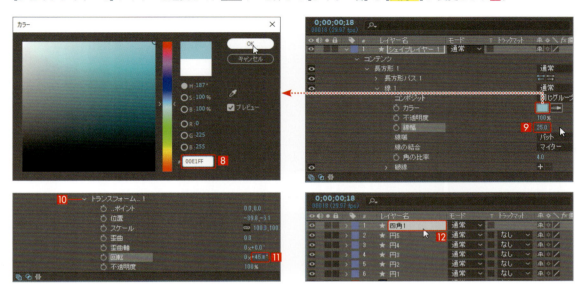

2 広がって消えていくアニメーション

【長方形パス1】の【サイズ】の数値を【0】と入力し1、【サイズ】の左にある【ストップウォッチ】をクリックして2、キーフレームを設定します3。
次に【現在の時間インジケーター】を1秒3フレーム【0;00;01;03】に移動して4、【サイズ】の数値を【550】と入力します5。

続けて、【現在の時間インジケーター】を3秒4フレーム【0;00;03;04】に移動して [7]、【サイズ】の左にある◆アイコンをクリックして [8]、キーフレームを設定します [9]。

さらに【現在の時間インジケーター】を3秒14フレーム【0;00;03;14】に移動して [10]、【サイズ】の数値を【0】と入力します [11]。

【サイズ】をクリックすると [12]、すべてのキーフレームが選択されるので [13]、F9 キーを押して【イージーイーズ】を適用します [14]。

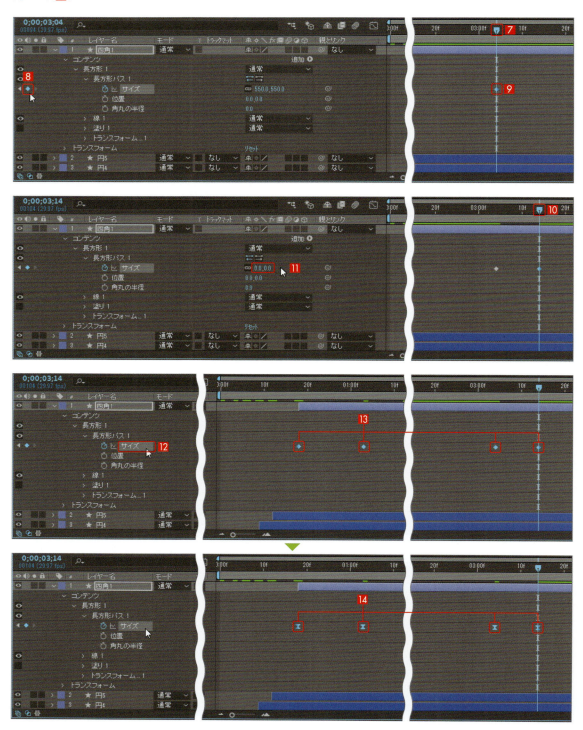

3 動きの追加

【現在の時間インジケーター】を1秒13フレーム【0;00;01;13】に移動して 1、【トランスフォーム】タブを開き 2、【回転】の左にある【ストップウォッチ】をクリックして 3、キーフレームを設定します 4。
次に【現在の時間インジケーター】を2秒17フレーム【0;00;02;17】に移動して 5、【回転】の数値を【180】と入力します 6。
【回転】をクリックすると 7、すべてのキーフレームが選択されるので 8、F9 キーを押して【イージーイーズ】を適用します 9。

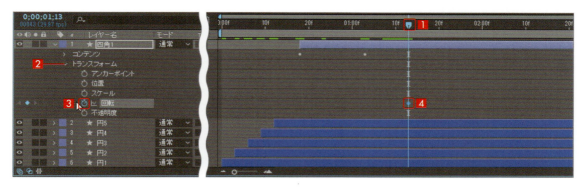

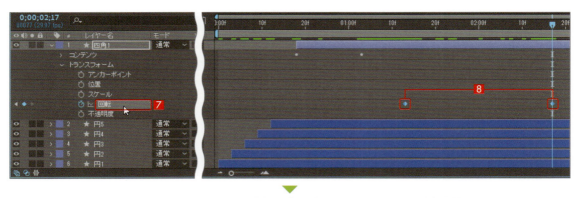

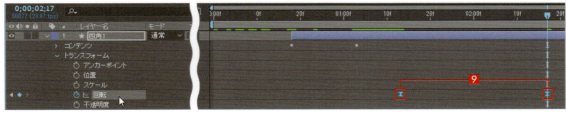

197

【イージーイーズ】の詳細を調整する

【グラフエディター】をクリックしてから １、【回転】を選択して ２、速度グラフ※を表示します ３。
各秒のキーフレームを【選択ツール】でダブルクリックすると ４、【キーフレーム速度】ダイアログボックスが表示されます。【入る速度】と【出る速度】の２つの設定があるので、下記の数値を順番に設定します。

※速度グラフが表示されない場合は、50ページを参照

【回転】
時間【1秒13フレーム】
入る速度：速度【デフォルト】 影響【デフォルト】
出る速度：速度【デフォルト】 影響【80】

【回転】
時間【2秒17フレーム】
入る速度：速度【デフォルト】 影響【80】
出る速度：速度【デフォルト】 影響【デフォルト】

設定が終わったら、【グラフエディター】をクリックして閉じます ５。

これで、ベースとなる四角形アニメーションができました。

Section 3-3 図形の組み合わせによるアニメーション

4 アニメーションの装飾

【四角1】レイヤーを選択した状態で【編集】メニューの【複製】（Ctrl + D キー）を選択して複製し、複製した【四角2】を【現在の時間インジケーター】を21フレーム【0;00;00;21】の位置に配置します①。

【四角2】レイヤーを開いて【コンテンツ】➡【長方形1】➡【線1】タブを開き、【カラー】をクリックして②、【#FFF000】と入力します③。

また、【線幅】の数値を【5】と入力します④。

次に【長方形パス1】タブを開き⑤、【サイズ】をクリックして⑥、選択したキーフレームを Delete キーで削除します。

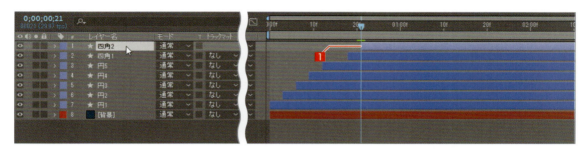

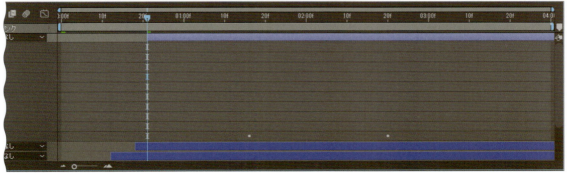

【長方形パス1】の【サイズ】の数値を【0】と入力し 7 、【サイズ】の左にある【ストップウォッチ】 をクリックして 8 、キーフレームを設定します 9 。

【現在の時間インジケーター】 を1秒6フレーム【0;00;01;06】に移動して 10 、【サイズ】の数値を【600】と入力します 11 。

続けて【現在の時間インジケーター】 を3秒【0;00;03;00】に移動して 12 、【サイズ】の左にある◆アイコンをクリックして 13 、キーフレームを設定します 14 。

さらに【現在の時間インジケーター】 を3秒10フレーム【0;00;03;10】に移動して 15 、【サイズ】の数値を【0】と入力します 16 。

キーフレームを設定して【サイズ】をクリックすると17、すべてのキーフレームが選択されるので18、F9キーを押して【イージーイーズ】を適用します19。

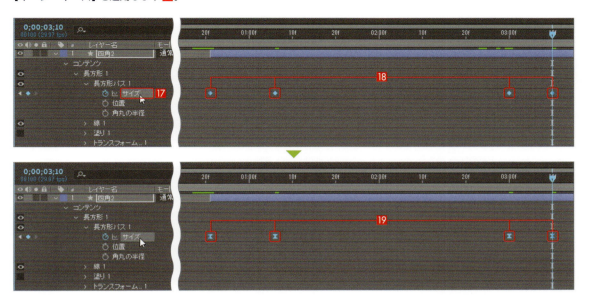

次に回転のアニメーションを設定します。
【四角2】レイヤーを開いて【トランスフォーム】タブを開き20、【回転】をクリックし21、選択したキーフレーム22をDeleteキーを押して削除します23。

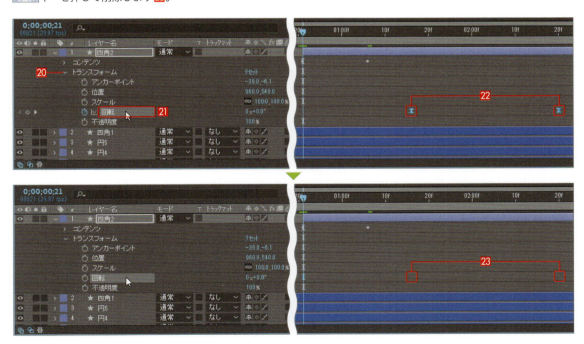

【現在の時間インジケーター】を1秒16フレーム【0;00;01;16】に移動して24、【トランスフォーム】タブを開き25、【回転】の左にある【ストップウォッチ】をクリックして26キーフレームを設定します27。

続けて【現在の時間インジケーター】を2秒16フレーム【0;00;02;16】に移動して28、【回転】の数値に【-180】と入力します29。

【回転】をクリックすると30、すべてのキーフレームが選択されるので31、F9キーを押して【イージーイーズ】を適用します32。

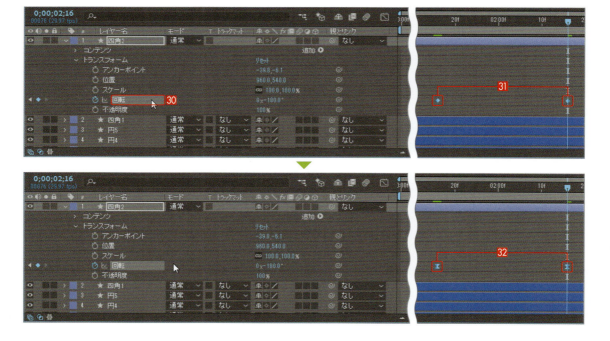

Section 3-3　図形の組み合わせによるアニメーション

【イージーイーズ】の詳細を調整する

【グラフエディター】■をクリックしてから①、【回転】を選択して②、速度グラフ※を表示します③。
各秒のキーフレームを【選択ツール】▶でダブルクリックすると④、【キーフレーム速度】ダイアログボックスが表示されます。【入る速度】と【出る速度】の2つの設定があるので、下記の数値を順番に設定します。

※速度グラフが表示されない場合は、50ページを参照

【回転】
時間【1秒16フレーム】
入る速度：速度【デフォルト】　影響【デフォルト】
出る速度：速度【デフォルト】　影響【80】

【回転】
時間【2秒16フレーム】
入る速度：速度【デフォルト】　影響【80】
出る速度：速度【デフォルト】　影響【デフォルト】

設定が終わったら、【グラフエディター】■をクリックして閉じます⑤。

次に【四角2】レイヤーを選択した状態で【編集】メニューの【複製】（Ctrl＋Dキー）を選択して複製します。
【現在の時間インジケーター】のある24フレーム【0;00;00;24】に移動して、複製した【四角3】を配置します 33 。
【四角3】レイヤーを開いて【コンテンツ】➡【長方形1】➡【線1】タブを開き、【カラー】をクリックして 34 、【#FF00CF】と入力します 35 。また、【線幅】の数値を【30】と入力します 36 。

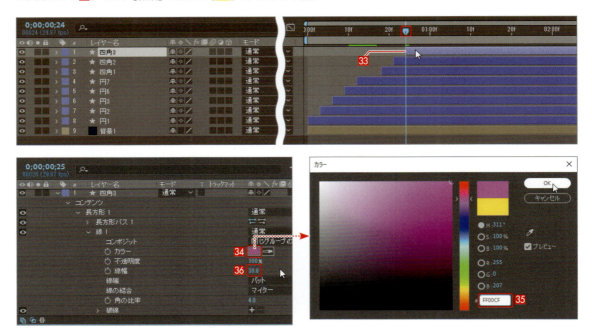

【長方形パス1】タブを開いて 37 、【サイズ】をクリックし 38 、選択したキーフレームを Delete キーで削除します。

204

Section 3-3 図形の組み合わせによるアニメーション

【サイズ】の数値を【0】と入力して39、【サイズ】の左にある【ストップウォッチ】をクリックし40、キーフレームを設定します41。【現在の時間インジケーター】を1秒09フレーム【0;00;01;09】に移動して42、【サイズ】の数値を【690】と入力します43。

続けて、【現在の時間インジケーター】を2秒25フレーム【0;00;02;25】に移動して44、【サイズ】の左にある◆アイコンをクリックして45、キーフレームを設定します46。

さらに、【現在の時間インジケーター】を3秒5フレーム【0;00;03;05】に移動して47、【サイズ】の数値を【0】と入力します48。

205

キーフレームを設定して【サイズ】をクリックすると49、すべてのキーフレームが選択されるので50、F9キーを押して【イージーイーズ】を適用します51。

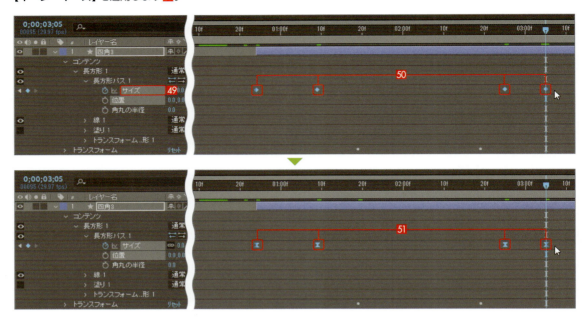

次に、回転のアニメーションを設定します。
【四角3】レイヤーの【トランスフォーム】タブを開きます52。
【現在の時間インジケーター】を2秒15フレーム【0;00;02;15】に移動して53、【回転】の2つ目のキーフレームを選択し、ドラッグして移動します54。

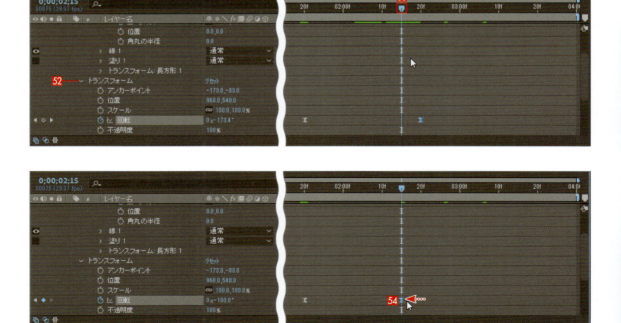

これで、複数の四角形によるシェイプアニメーションが完成しました。

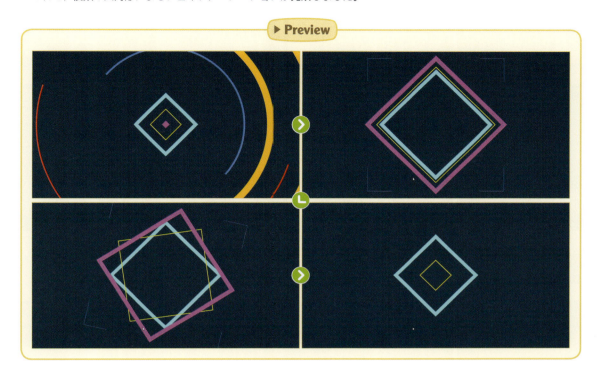

05 テキストアニメーションを作成する

1 テキストを作成

【テキストツール】■を選択して■、**【コンポジション】**パネル上をクリックするとカーソルが点滅して文字を入力できる状態になるので■、そのまま「円と四角」と入力します■。

Chapter 3 【中級編】シェイプとアニメーターを組み合わせる

【アンカーポイントツール】 に切り替えて Ctrl キーを押しながらアンカーポイントを文字の中心に配置します。【選択ツール】 に切り替えて「円と四角」を選択した状態で 4、【整列】パネルの【水平方向に整列】 5 と【垂直方向に整列】 6 をクリックして、画面中央に配置します 7。

2 出現アニメーション

【現在の時間インジケーター】 のある21フレーム【0;00;00;21】の位置に移動し 1、【円と四角】レイヤーを配置します 2。

【円と四角】レイヤーを開いて 3、【トランスフォーム】の【スケール】の数値に【0】と入力し 4、【スケール】の左にある【ストップウォッチ】 をクリックして 5、キーフレームを設定します 6。
【現在の時間インジケーター】 を1秒6フレーム【0;00;01;06】に移動して 7、【スケール】の数値を【75】と入力します 8。

次に【現在の時間インジケーター】を2秒26フレーム【0;00;02;26】に移動して 9 、【スケール】の左にある◆アイコンをクリックして 10 、キーフレームを設定します 11 。
さらに【現在の時間インジケーター】を3秒6フレーム【0;00;03;06】に移動して 12 、【スケール】の数値を【0】と入力します 13 。

【スケール】をクリックすると 14 、すべてのキーフレームが選択されるので 15 、F9 キーを押して【イージーイーズ】を適用します 16 。

06 線アニメーションを作成する

1 線を描く

【タイムライン】パネルの何もない場所をクリックして、「円と四角」の選択を解除します。【プロポーショナルグリッド】を表示させてから 1 、【ペンツール】 を選択して 2 、【コンポジション】パネル上に点を打ちます 3 。
点から少し離れた場所に Shift キーを押しながらもう1つ点を打つと、点と点が結ばれて直線になります 4 。
【プロポーショナルグリッド】を解除して【選択ツール】 に切り替えてから【シェイプレイヤー1】を選択し、Enter キーを押して【レイヤー名】を【線1】に変更します 5 。【現在の時間インジケーター】 を18フレーム【0;00;00;18】に移動して 6 、配置します 7 。

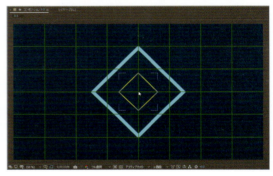

線の設定
線幅　　7px
カラー　#FFCC00

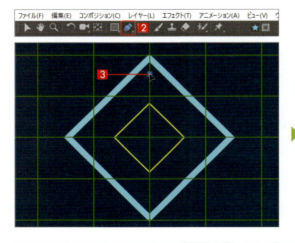
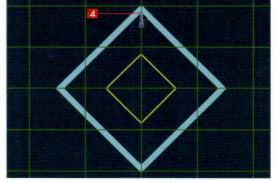

2 移動しながら消えていくアニメーション

【線1】レイヤーを開いて【コンテンツ】タブを開き、【シェイプ1】を選択した状態にして①、【追加】の右にある▶をクリックして②、【パスのトリミング】を選択します③。【パスのトリミング1】を【塗り1】の下に配置します④。
【パスのトリミング1】タブを開いて⑤、【開始点】の左にある【ストップウォッチ】◎をクリックして⑥、キーフレームを設定します⑦。
【現在の時間インジケーター】▼を1秒05フレーム【0;00;01;05】に移動して⑧、【開始点】の数値を【100】と入力します⑨。左から2つ目のキーフレームをクリックして⑩、F9 キーを押して【イージーイーズ】を適用します⑪。

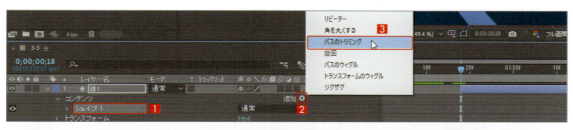

次に【現在の時間インジケーター】■を18フレーム【0;00;00;18】に移動して12、【トランスフォーム シェイプ1】タブを開きます13。
【スケール】の数値を【40】と入力して14、【スケール】の左にある【ストップウォッチ】■をクリックして15、キーフレームを設定します16。
【現在の時間インジケーター】■を1秒05フレーム【0;00;01;05】に移動して17、【スケール】の数値を【113】と入力します18。
【スケール】の左から2つ目のキーフレームをクリックして19、F9キーを押して【イージーイーズ】を適用します20。

Section 3-3 図形の組み合わせによるアニメーション

3 線を増やして「円」を作る

【コンテンツ】を選択した状態で❶、【追加】の右にある▶をクリックして❷、【リピーター】を選択します❸。
【リピーター1】タブを開き❹、【コピー数】の数値を【20】にすると❺、線が20本になります❻。
【トランスフォーム　リピーター1】タブを開き❼、【位置】のx軸の数値を【0】❽、【回転】の数値を【18】❾と入力すると、20本の線が円状に配置されます❿。
最後に【トランスフォーム】タブを開いて⓫、【アンカーポイント】の数値を【0, 0】⓬、【位置】の数値を【960, 540】⓭と入力して中央に設定します。

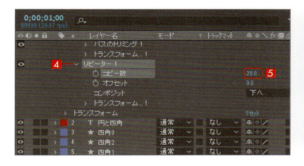

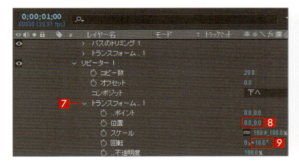

213

Chapter 3 【中級編】シェイプとアニメーターを組み合わせる

これで、複数のシェイプを使ったアニメーションの完成です。

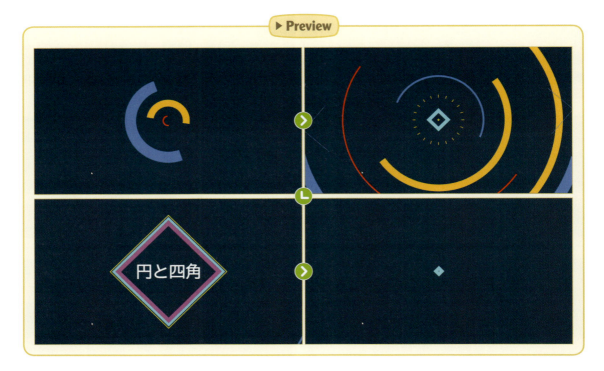

Section 3-4 テキストアニメーション

Section 3-4 テキストアニメーション

ここでは、調整レイヤーを効果的に使ったグリッチアニメーションの作り方を解説します。

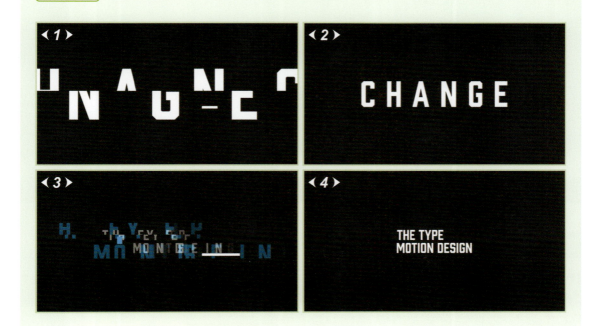

01 アニメーション用のコンポジションを作成する

【コンポジション】パネルの【新規コンポジション】（Ctrl＋Nキー）を選択して **1**、【コンポジション設定】ダイアログボックスの【基本】タブにある【コンポジション名】に【文字01】と入力します **2**。
【プリセット】から【HDTV 1080 29.97】を選択して **3**、【デュレーション】に5秒24フレーム【0;00;05;24】と入力し **4**、［OK］ボタンをクリックします **5**。

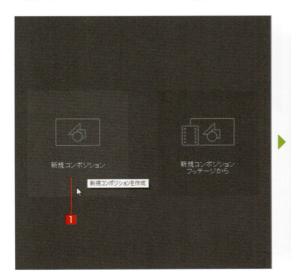

Chapter 3 【中級編】シェイプとアニメーターを組み合わせる

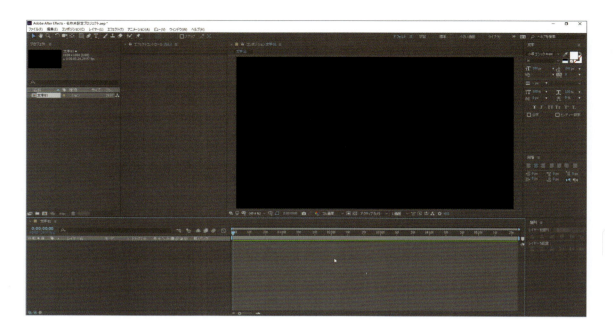

02 テキストアニメーションを作成する

1 テキストを作成する

【テキストツール】■を選択してから■、【コンポジション】パネル上をクリックするとカーソルが点滅して文字が入力できる状態になるので■、そのまま「CHANGE」と入力します■。

文字のパラメーター
フォント　Prohibition Regular
大きさ　　250px
V.A　　　290
カラー　　#FFFFFF

216

【アンカーポイントツール】に切り替えて④、Ctrlキーを押しながらアンカーポイントを文字の中心に配置します⑤。
【選択ツール】▶に切り替えて【CHANGE】レイヤーを選択した状態で⑥、【整列】パネルの【水平方向に整列】⑦と【垂直方向に整列】⑧を順にクリックし、画面中央に配置します⑨。
【現在の時間インジケーター】を2秒【0;00;02;00】に移動して⑩、【編集】メニューの【レイヤーを分割】(Ctrl＋Shift＋Dキー)を選択して分割します⑪。

【テキストツール】を選択して、分割した【CHANGE】レイヤー⑫を【コンポジション】パネル上で文字をドラッグして選択状態にします⑬。

文字を選択した状態になるので Delete キーで削除して 14 、「THE TYPE MOTION DESIGN」と入力します 15 。
【アンカーポイントツール】 に切り替えて 16 、 Ctrl キーを押しながらアンカーポイントを文字の中心に配置します 17 。
【選択ツール】 に切り替えて【THE TYPE MOTION DESIGN】レイヤーを選択した状態で 18 、【整列】パネルの【水平方向に整列】 19 と【垂直方向に整列】 20 を順にクリックし、画面中央に配置します 21 。
「CHANGE」を選択して、「THE TYPE MOTION DESIGN」の上にドラッグして配置します 22 。

文字のパラメーター
フォント	Prohibition Regular	V.A	0
大きさ	100px	カラー	#FFFFFF
行送り	100px		

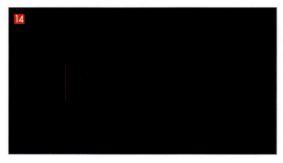

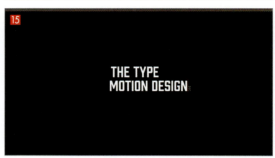

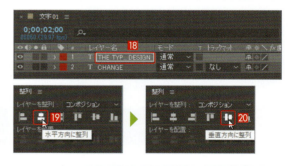

Section 3-4 テキストアニメーション

2 文字を揺らす

【**CHANGE**】レイヤーを開いて 1、【テキスト】の【アニメーター】の右にある▶をクリックして 2、【位置】を選択すると 3、【位置】のアニメーター【アニメーター1】が追加されるので、【アニメーター1】の【範囲セレクター1】を選択して 4、Delete キーで削除します。次に、【位置】のx軸の数値を【2】に設定します 5。
【追加】の右にある▶をクリックして 6、【セレクター】➡【ウィグリー】を選択すると 7、【アニメーター1】に【ウィグリーセレクター1】が追加されます 8。
【ウィグリーセレクター1】タブを開いて 9、【相関性】の数値を【0】に設定すると 10、テキストを1文字ずつバラバラに揺らすことができます。

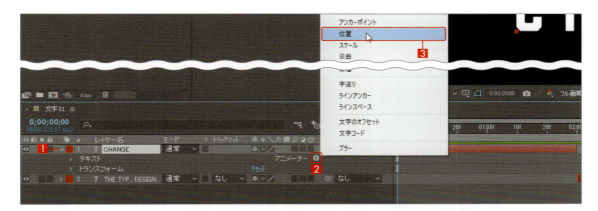

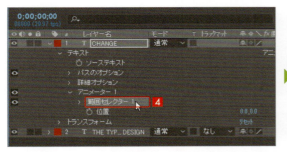

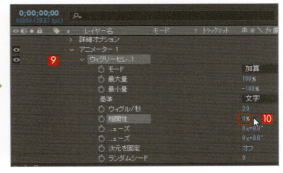

219

3 文字の間隔を変える

【テキスト】タブを選択した状態で【テキスト】の【アニメーター】の右にある▶をクリックして■1、【字送り】を選択すると■2、【アニメーター2】が追加されます。
【現在の時間インジケーター】■を0秒【0;00;00;00】に移動して■3、【アニメーター2】の【トラッキングの量】の数値に【100】と入力します■4。
【トラッキングの量】の左にある【ストップウォッチ】■をクリックして■5、キーフレームを設定します■6。
【現在の時間インジケーター】■を10フレーム【0;00;00;10】に移動して■7、【トラッキングの量】の数値に【0】と入力すると■8、文字間が狭くなっていくアニメーションができました。

> **TIPS 【トラッキングの量】を設定するときの注意事項**
>
> テキストレイヤーに【段落パネル】の【テキストの中央揃え】を設定しないと、【トラッキングの量】の数値を設定する際に、右または左に広がってしまいます。

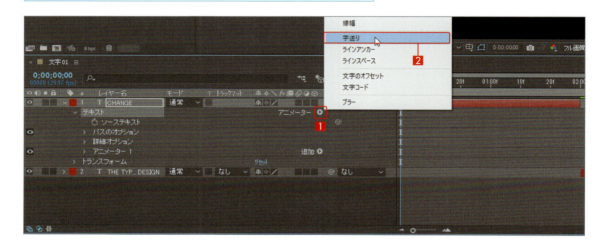

【トラッキングの量】をクリックして 9、すべてのキーフレームを選択し 10、F9 キーを押して【イージーイーズ】を適用します 11。

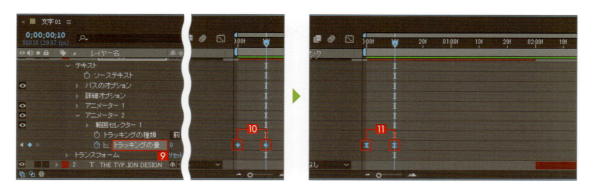

4 動きの追加

【現在の時間インジケーター】を0秒【0;00;00;00】に移動して 1、【CHANGE】レイヤーを開き 2、【トランスフォーム】タブの【スケール】の数値に【200】と入力します 3。【スケール】の左にある【ストップウォッチ】をクリックして 4、キーフレームを設定します 5。

さらに、【現在の時間インジケーター】を10フレーム【0;00;00;10】に移動して 6、【スケール】の数値に【100】と入力します 7。

【スケール】をクリックして 8、すべてのキーフレームを選択し 9、F9 キーを押して【イージーイーズ】を適用します 10。

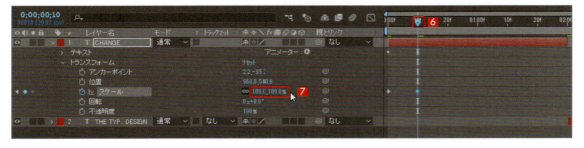

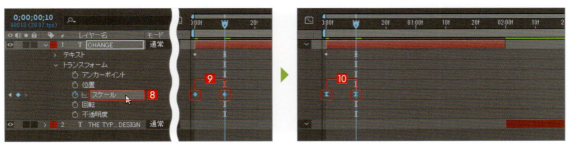

221

これで、テキストが縮小して揺れながら文字間が狭くなっていくアニメーションができました。

5 文字の配列を変える

【THE TYPE MOTION DESIGN】レイヤーを開き①、【テキスト】の【アニメーター】の右にある▶をクリックして②、【位置】を選択すると③、【位置】のアニメーター【アニメーター1】が追加されます④。

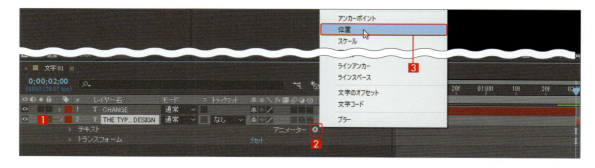

Section 3-4 テキストアニメーション

【範囲セレクター1】タブを開いて【高度】タブを開き5、【基準】を【行】に変更します6。

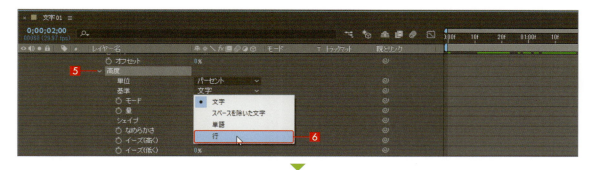

【範囲セレクター1】タブの【開始】の数値に【50】と入力します7。また、【位置】の数値に【-104, 0】と入力します8。【現在の時間インジケーター】を2秒【0;00;02;00】に移動して9、【オフセット】の数値に【-35】と入力して10、【オフセット】の左にある【ストップウォッチ】をクリックして11、キーフレームを設定します12。

【現在の時間インジケーター】■を5秒23フレーム【0;00;05;23】に移動して⓮、【オフセット】の数値に【-25】と入力します⓯。
【オフセット】をクリックして⓰、すべてのキーフレームを選択し⓱、F9 キーを押して【イージーイーズ】を適用します⓲。

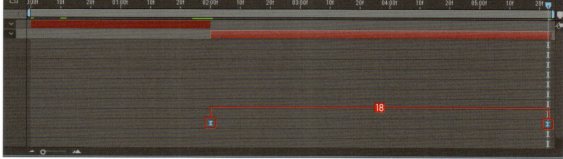

Section 3-4 テキストアニメーション

6 文字の間隔を変える

【アニメーター1】を選択した状態で❶【テキスト】の【アニメーター】の右にある▶をクリックして❷、【追加アイコン】→【プロパティ】→【字送り】を選択します❸。
【現在の時間インジケーター】を2秒【0;00;02;00】に移動して❹、【アニメーター1】の【トラッキングの量】の数値に【26】と入力し❺、【トラッキングの量】の左にある【ストップウォッチ】をクリックして❻、キーフレームを設定します❼。
さらに【現在の時間インジケーター】を2秒13フレーム【0;00;02;13】に移動して❽、【トラッキングの量】の数値に【0】と入力します❾。

225

【トラッキングの量】をクリックして10、すべてのキーフレームを選択します11。
F9 キーを押して【イージーイーズ】を適用すると12、文字間が狭くなっていくアニメーションができました。

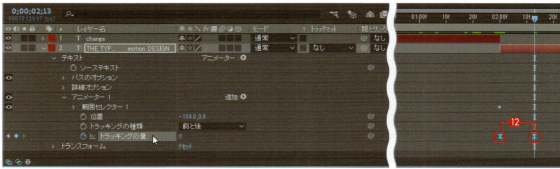

7 動きの追加

【テキスト】の【アニメーター】の右にある▶をクリックし1、【位置】を選択します2。

Section 3-4 テキストアニメーション

【位置】のアニメーターである【アニメーター2】が追加されました 3 。

【テキスト】の【アニメーター】の右にある ▶ をクリックして 4 、【追加アイコン】➡【プロパティ】➡【不透明度】を選択します 5 6 。【アニメーター2】の【範囲セレクター1】を選択して 7 、Delete キーで削除します 8 。

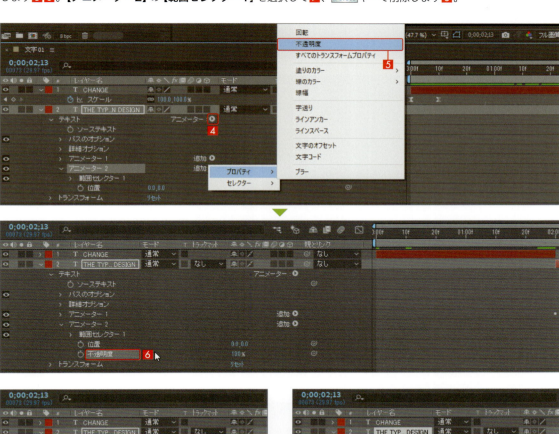

227

【現在の時間インジケーター】 を2秒【0;00;02;00】に移動して 9 、【アニメーター2】の【位置】のx軸の数値に【200】と入力し 10 、【位置】の左にある【ストップウォッチ】 をクリックして 11 、キーフレームを設定します 12 。
【不透明度】の数値に【0】と入力して 13 、【不透明度】の左にある【ストップウォッチ】 を押し 14 、キーフレームを設定します 15 。
さらに【現在の時間インジケーター】 を2秒13フレーム【0;00;02;13】に移動して 16 、【位置】のx軸の数値に【0】 17 、【不透明度】の数値に【100】 18 とそれぞれと入力します。
【位置】 19 をクリックしてすべてのキーフレームを選択し 20 、 F9 キーを押して【イージーイーズ】を適用します 21 。
同様に【不透明度】にも【イージーイーズ】を適用すると、テキストが右から左に動きながら出現するアニメーションができました。

Section 3-4 テキストアニメーション

8 文字を揺らす

【アニメーター2】を選択した状態で 1、【セレクター】➡【ウィグリー】を選択すると 2、【アニメーター2】に【ウィグリーセレクター1】が追加されます 3。
【ウィグリーセレクター1】タブを開いて 4、【相関性】の数値を【0】と入力します 5。

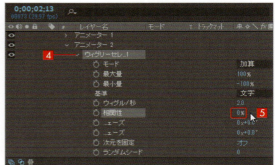

これで、テキストアニメーションが完成しました。

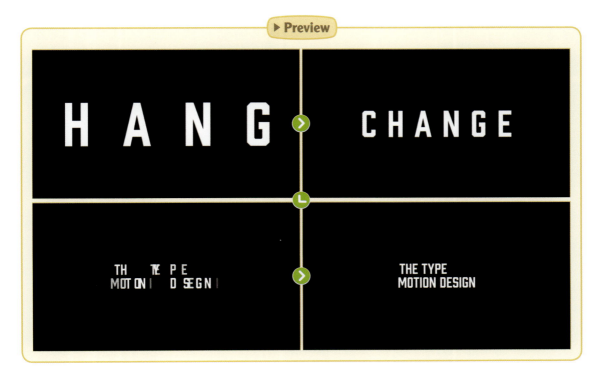

▶ Preview

03 調整レイヤーでグリッチ効果を作成する

1 歪みアニメーション

【レイヤー】メニューの【新規】→【調整レイヤー】（Ctrl＋Alt＋Yキー）を選択すると❶、【タイムライン】パネルに【調整レイヤー1】が配置されます❷。
【調整レイヤー1】を選択して、Enterキーを押して【レイヤー名】を【歪み1】に変更します❸。
【歪み1】を選択した状態で❹、【エフェクト】メニューの【ディストーション】→【トランスフォーム】を選択すると❺、エフェクトが適用されます。

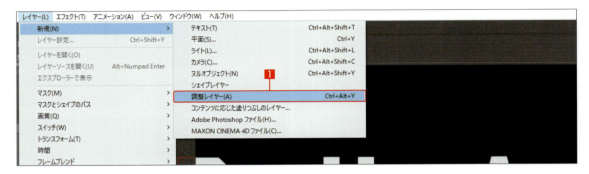

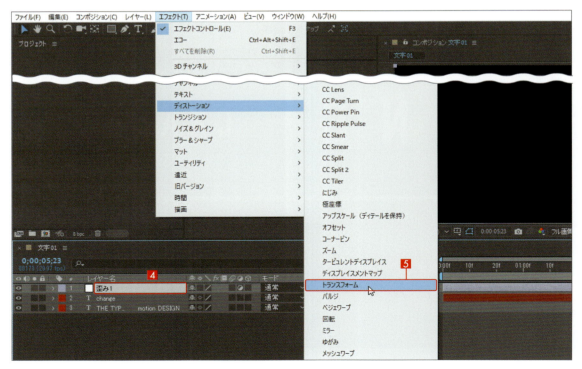

【歪み1】を【タイムライン】パネルの（0;00;00;00〜0;00;00;02）に配置します。
【現在の時間インジケーター】 を2フレーム【0;00;00;02】に配置します。
【歪み1】レイヤーを選択して、【編集】メニューの【レイヤーを分割】（ Ctrl + Shift + D キー）を選択して分割します。
そのまま Delete キーを押して、分割した後ろ側を削除します。
【エフェクトコントロール】パネルの【トランスフォーム】を設定します。

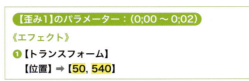

【歪み1】レイヤーの【トランスフォーム】タブを開いて ❻、【位置】の数値を【960, 760】❼、【スケール】の【現在の縦横比を固定】のチェックを外し、数値に【100, 45】と入力します ❽。
【歪み1】レイヤーを選択した状態で、【編集】メニューの【複製】（ Ctrl + D キー）を選択して複製します。複製した【歪み2】レイヤーを ❾、【現在の時間インジケーター】 （0;00;00;01〜0;00;00;03）の【歪み1】レイヤーの下に配置します ❿。

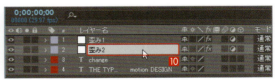

231

【歪み2】レイヤーを選択した状態で、【エフェクト】メニューの【描画】➡【塗り】を選択すると 11、エフェクトが適用されます。

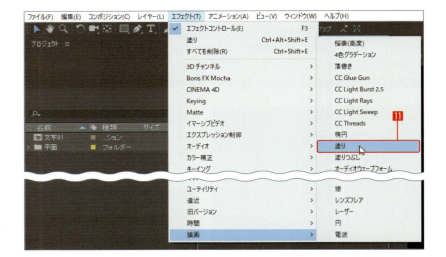

【エフェクトコントロール】パネルの【トランスフォーム】と【塗り】を設定します。

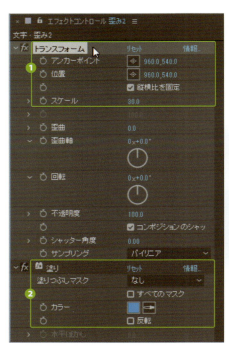

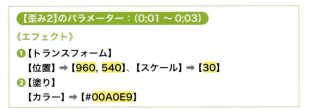

【歪み2】のパラメーター：(0;01 ～ 0;03)
《エフェクト》
❶【トランスフォーム】
　【位置】➡【960, 540】、【スケール】➡【30】
❷【塗り】
　【カラー】➡【#00A0E9】

【歪み2】レイヤーの【トランスフォーム】タブを開いて、【スケール】の数値を【80, 25】12 とそれぞれ入力します。
【不透明度】の数値に【50】13 と入力します。

【歪み2】レイヤーを選択した状態で、【編集】メニューの【複製】(Ctrl+Dキー) を選択して複製します。複製された【歪み3】レイヤーを【現在の時間インジケーター】(0;00;00;03〜0;00;00;05) の【歪み2】レイヤーの下に配置します14。

【歪み3】レイヤーを選択して、【エフェクトコントロール】パネルの【トランスフォーム】を設定します。

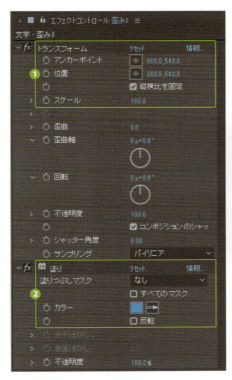

【歪み3】レイヤーの【トランスフォーム】タブを開いて、【位置】の数値を【850, 520】15、【スケール】の数値を【100, 10】16、【不透明度】の数値に【100】17 ととそれぞれ入力します。

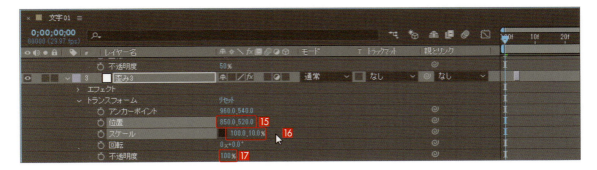

【歪み3】レイヤーを選択した状態で、【編集】メニューの【複製】（Ctrl＋Dキー）を選択して複製します。
複製された【歪み4】レイヤーを【現在の時間インジケーター】（0;00;00;04〜0;00;00;05）の【歪み3】レイヤーの下に配置します 18 。
【歪み4】レイヤーを選択して、【エフェクトコントロール】パネルの【トランスフォーム】と【塗り】を設定します。

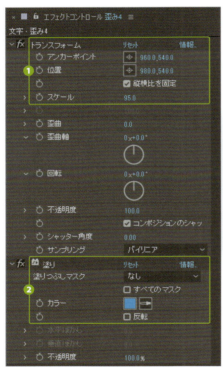

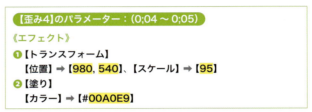

【歪み4】のパラメーター：（0;04〜0;05）

《エフェクト》
❶【トランスフォーム】
　【位置】→【980, 540】、【スケール】→【95】
❷【塗り】
　【カラー】→【#00A0E9】

【歪み4】レイヤーの【トランスフォーム】タブを開いて、【位置】の数値を【850, 580】 19 、【スケール】の数値を【100, 10】 20 とそれぞれ入力します。

Section 3-4 テキストアニメーション

【歪み4】レイヤーを選択した状態で、【編集】メニューの【複製】(Ctrl+Dキー)を選択して複製します。
複製された【歪み5】レイヤーを【現在の時間インジケーター】■(0;00;00;05～0;00;00;08)の【歪み4】レイヤーの下に配置します 21。
【歪み5】レイヤーを選択して、【エフェクトコントロール】パネルの【トランスフォーム】と【塗り】を設定します。

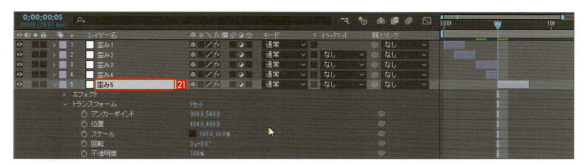

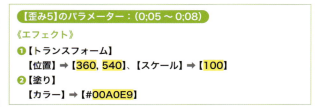

【歪み5】のパラメーター：(0;05～0;08)
《エフェクト》
❶【トランスフォーム】
　【位置】➡【360, 540】、【スケール】➡【100】
❷【塗り】
　【カラー】➡【#00A0E9】

【歪み5】レイヤーの【トランスフォーム】タブを開いて、【位置】の数値を【484, 460】22、【スケール】の数値を【100, 10】23 とそれぞれ入力します。

235

【歪み5】レイヤーを選択した状態で、【編集】メニューの【複製】（Ctrl＋Dキー）を選択して複製します。
複製された【歪み6】レイヤーを【現在の時間インジケーター】（0;00;00;05～0;00;00;08）の【歪み5】レイヤーの下に配置します24。
【歪み6】レイヤーを選択して、【エフェクトコントロール】パネルの【トランスフォーム】と【塗り】を設定します。

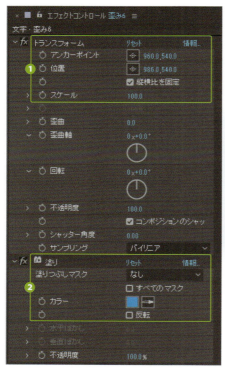

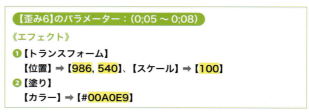

【歪み6】のパラメーター：(0;05～0;08)

《エフェクト》
❶【トランスフォーム】
　【位置】⇒【986, 540】、【スケール】⇒【100】
❷【塗り】
　【カラー】⇒【#00A0E9】

【歪み6】レイヤーの【トランスフォーム】タブを開いて、【位置】の数値を【1400, 610】25、【スケール】の数値を【100, -2】26とそれぞれ入力します。

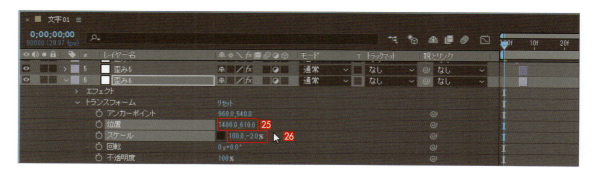

Section 3-4 テキストアニメーション

【歪み6】レイヤーを選択した状態で、【編集】メニューの【複製】（Ctrl＋Dキー）を選択して複製します。
複製された【歪み7】レイヤーを【現在の時間インジケーター】(0;00;00;08～0;00;00;11)の【歪み6】レイヤーの下に配置します27。
【歪み7】レイヤーを選択して【エフェクトコントロール】パネルの【塗り】を選択し、Deleteキーで削除してから28、【トランスフォーム】を設定します。

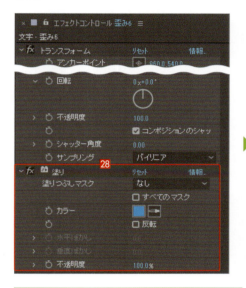

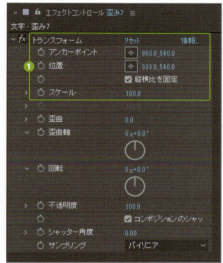

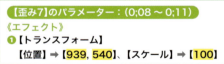

【歪み7】レイヤーの【トランスフォーム】タブを開いて【位置】の数値を【480, 610】29、【スケール】の数値を【25, 10】30とそれぞれ入力します。

237

【歪み7】レイヤーを選択した状態で、【編集】メニューの【複製】（Ctrl+Dキー）を選択して複製します。
複製された【歪み8】レイヤーを【現在の時間インジケーター】（0;00;00;08～0;00;00;11）の【歪み7】レイヤーの下に配置します31。
【歪み8】レイヤーを選択して、【エフェクトコントロール】パネルの【トランスフォーム】を設定します。

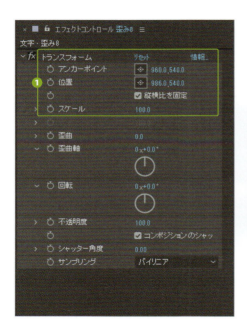

【歪み8】のパラメーター：(0;08～0;11)

《エフェクト》

❶【トランスフォーム】
　【位置】➡【986, 540】、【スケール】➡【100】

【歪み8】レイヤーの【トランスフォーム】タブを開いて、【位置】の数値を【1250, 530】32、【スケール】の数値を【20, 10】33 とそれぞれ入力します。

Section 3-4 テキストアニメーション

【歪み8】レイヤーを選択した状態で、【編集】メニューの【複製】（Ctrl＋Dキー）を選択して複製します。
複製された【歪み9】レイヤーを【現在の時間インジケーター】■（0;00;01;25～0;00;01;27）の【歪み8】レイヤーの下に配置します34。
【歪み9】レイヤーを選択して、【エフェクトコントロール】パネルの【トランスフォーム】を設定します。

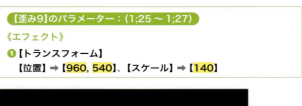

【歪み9】のパラメーター：（1;25～1;27）
《エフェクト》
❶【トランスフォーム】
　【位置】➡【960, 540】、【スケール】➡【140】

【歪み9】レイヤーの【トランスフォーム】タブを開いて【位置】の数値を【960, 540】35、【スケール】の数値を【100, 50】36とそれぞれ入力します。

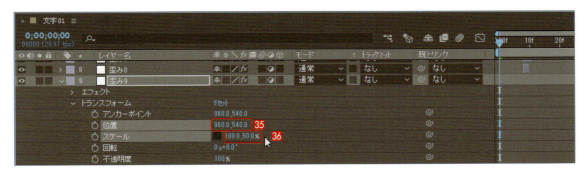

239

Chapter 3 【中級編】シェイプとアニメーターを組み合わせる

【歪み9】レイヤーを選択した状態で、【編集】メニューの【複製】（ Ctrl + D キー）を選択して複製します。
【歪み10】レイヤーを【現在の時間インジケーター】 (0;00;01;27～0;00;01;29) の【歪み9】レイヤーの下に配置します37。
【歪み10】レイヤーを選択して、【エフェクトコントロール】パネルの【トランスフォーム】を設定します。

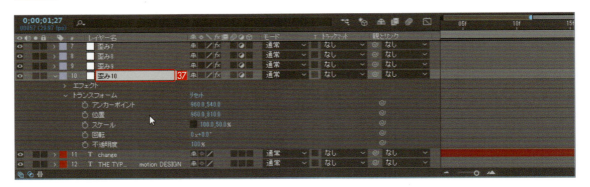

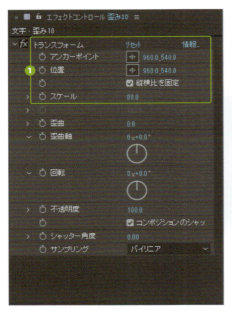

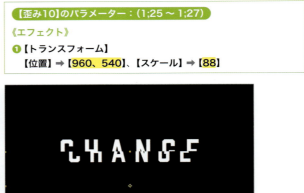

【歪み10】のパラメーター：(1;25 ～ 1;27)

《エフェクト》

❶【トランスフォーム】
　【位置】➡【960、540】、【スケール】➡【88】

【歪み10】レイヤーの【トランスフォーム】タブを開いて、【位置】の数値を【960, 810】38、【スケール】の数値を【100, 50】39 とそれぞれ入力します。

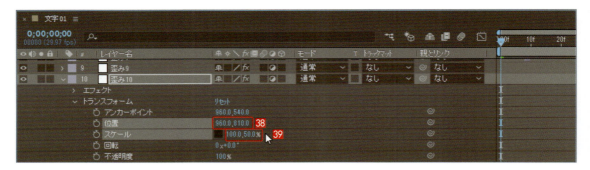

240

Section 3-4 テキストアニメーション

2 歪みを複製

完成した【歪み1】レイヤーを選択してから❶、Shiftキーを押しながら【歪み6】レイヤーをクリックすると、【歪み1】～【歪み6】が選択されるので❷、その状態で【編集】メニューの【複製】（Ctrl+Dキー）を選択して複製します❸。
複製された【歪み16】【歪み15】【歪み14】【歪み13】【歪み12】【歪み11】レイヤーを【THE TYPE MOTION DESIGN】レイヤーの上にドラッグして配置し❹、それぞれのパラメーターを調整します。

Chapter 3 【中級編】シェイプとアニメーターを組み合わせる

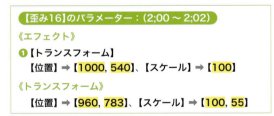

【歪み16】のパラメーター：（2;00 ～ 2;02）

《エフェクト》

❶【トランスフォーム】
　【位置】➡【1000, 540】、【スケール】➡【100】

《トランスフォーム》
　【位置】➡【960, 783】、【スケール】➡【100, 55】

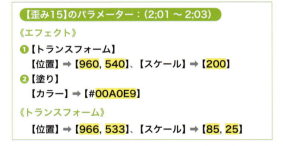

【歪み15】のパラメーター：（2;01 ～ 2;03）

《エフェクト》

❶【トランスフォーム】
　【位置】➡【960, 540】、【スケール】➡【200】

❷【塗り】
　【カラー】➡【#00A0E9】

《トランスフォーム》
　【位置】➡【966, 533】、【スケール】➡【85, 25】

242

Section 3-4 テキストアニメーション

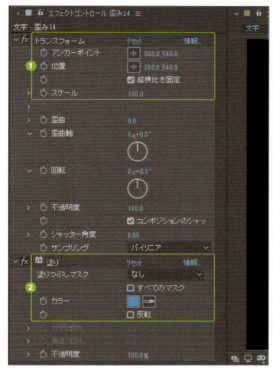

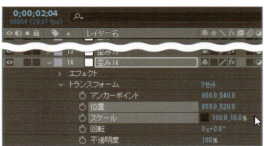

【歪み14】のパラメーター：(2;03 〜 2;05)

《エフェクト》
① 【トランスフォーム】
　【位置】→【360, 540】、【スケール】→【100】
② 【塗り】
　【カラー】→【#00A0E9】

《トランスフォーム》
　【位置】→【859, 520】、【スケール】→【100, 10】

【歪み13】のパラメーター：(2;04 〜 2;05)

《エフェクト》
① 【トランスフォーム】
　【位置】→【980, 540】、【スケール】→【95】
② 【塗り】
　【カラー】→【#00A0E9】

《トランスフォーム》
　【位置】→【860, 580】、【スケール】→【100, 13】

Chapter 3 【中級編】シェイプとアニメーターを組み合わせる

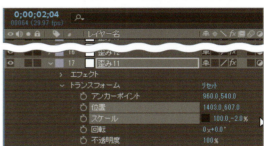

【歪み12】のパラメーター：（2;05 〜 2;07）

《エフェクト》

① 【トランスフォーム】
　【位置】➡【1100, 540】、【スケール】➡【100】
② 【塗り】
　【カラー】➡【#00A0E9】

《トランスフォーム》
　【位置】➡【960, 460】、【スケール】➡【100, 11】

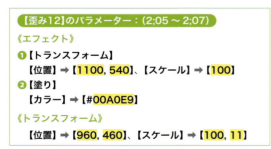

【歪み11】のパラメーター：（2;05 〜 2;07）

《エフェクト》

① 【トランスフォーム】
　【位置】➡【986, 540】、【スケール】➡【100】
② 【塗り】
　【カラー】➡【#00A0E9】

《トランスフォーム》
　【位置】➡【1403, 607】、【スケール】➡【100, -2】

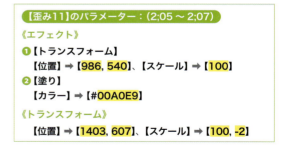

Section 3-4 テキストアニメーション

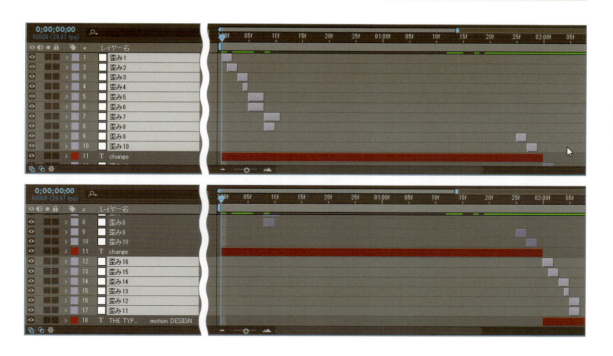

 これで、グリッチの効果のテキストアニメーションが完成しました。
 このように、調整レイヤーの効果量と効果範囲、それがかかるタイミングをずらすことで、グリッチ演出を作ることができます。

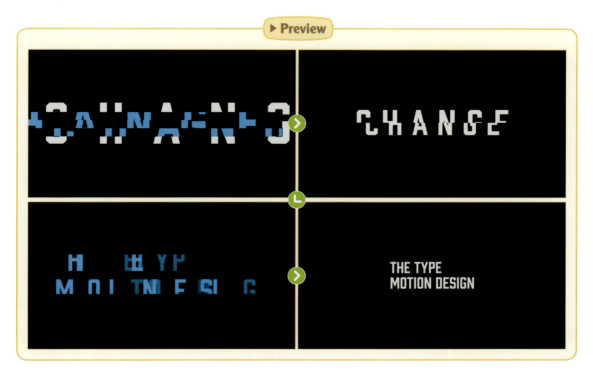

04 シェイプアニメーションとテキストアニメーションを合成する

1 合成用のコンポジションを作成

【コンポジション】メニューの【新規コンポジション】（Ctrl＋Nキー）を選択します 1。
「コンポジション設定」ダイアログボックスの【コンポジション名】に【3-4】と入力します 2。
【プリセット】から【HDTV 1080 29.97】を選択して 3、【デュレーション】に5秒24フレーム【0;00;05;24】と入力して 4、[OK]ボタンをクリックします 5。

2 背景の作成

【レイヤー】メニューの【新規】➡【平面】（Ctrl＋Yキー）を選択して 1、【平面設定】ダイアログボックスの【名前】に【背景】と入力し 2、【カラー】を【#222020】に設定すると 3 4、【タイムライン】パネルに濃いグレーの平面が配置されます 5。

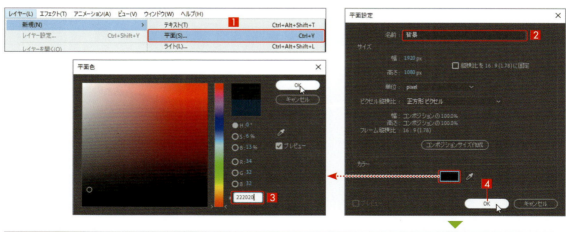

【プロジェクト】パネルにある【文字01】コンポジションを選択して⑥、【タイムライン】パネルにドラッグして配置します⑦。

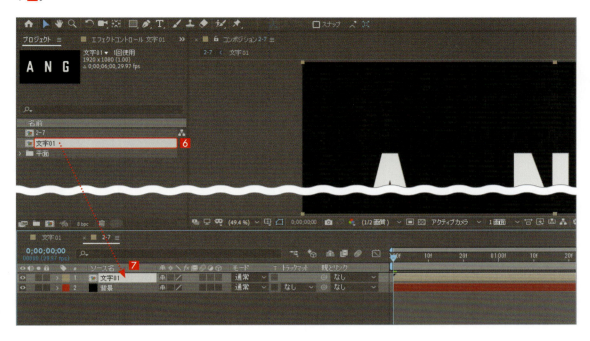

3 線を作成

画面の何もないところをクリックして選択を解除してから、【ペンツール】を選択して①、【コンポジション】パネル上をクリックすると点が打たれます②。
少し離れた場所にShiftキーを押しながらもう1つ点を打つと、点と点が結ばれて1つの直線になり③、【シェイプレイヤー1】が作成されます④。

【アンカーポイントツール】に切り替えて 5、アンカーポイントを線の中央にドラッグします 6。
【シェイプレイヤー1】を選択して Enter キーを押し、【レイヤー名】を【線1】に変更します 7。

4 線が流れて消えていくアニメーション

【選択ツール】に切り替えて 1、【線1】➡【コンテンツ】➡【シェイプ1】➡【線1】タブを開いて、【線幅】の数値に【18】と入力します 2。
【コンテンツ】を選択した状態で 3、【コンテンツ】の【追加】の右にある▶をクリックして 4、【パスのトリミング】を選択します 5。

【現在の時間インジケーター】を3フレーム【0;00;00;03】に移動して6、【パスのトリミング1】の【開始点】の横にある【ストップウォッチ】をクリックして7、キーフレームを設定します8。
さらに、【現在の時間インジケーター】を8フレーム【0;00;00;08】に移動して9、【開始点】の数値を【90】と入力します10。
【開始点】をクリックして11、すべてのキーフレームを選択し12、F9 キーを押して【イージーイーズ】を適用します13。

【現在の時間インジケーター】■を0秒【0;00;00;00】に移動して14、【パスのトリミング1】の【終了点】の数値を【20】と入力し15、【終了点】の横にある【ストップウォッチ】■をクリックして16、キーフレームを設定します17。
さらに【現在の時間インジケーター】■を5フレーム【0;00;00;05】に移動して18、【終了点】の数値を【100】と入力します19。
【終了点】をクリックして20、すべてのキーフレームを選択し21、 F9 キーを押して【イージーイーズ】を適用します22。

【線1】を選択した状態で 23、【現在の時間インジケーター】を5フレーム【0;00;00;05】に移動してから 24、【編集】メニューの【レイヤーを分割】（ Ctrl + Shift + D キー）を選択して 25 分割し 26、分割した【線2】を Delete キーで削除します 27。

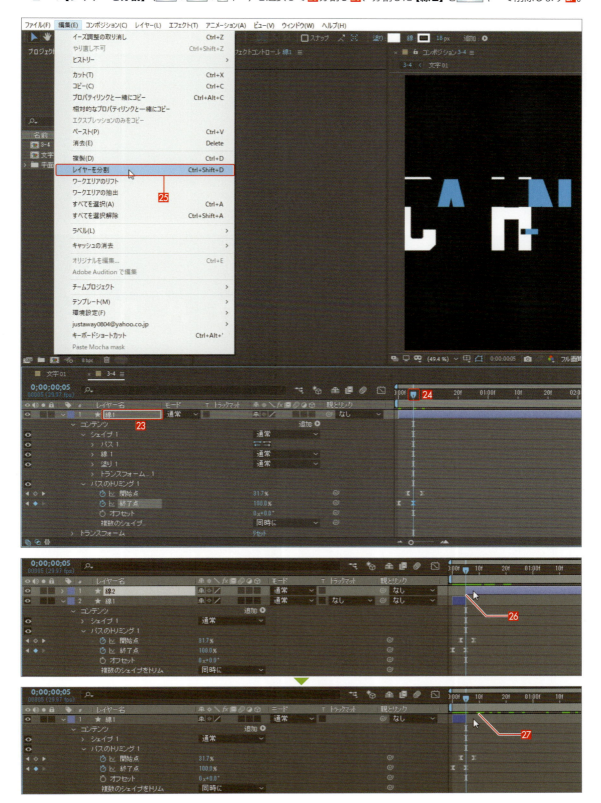

Chapter 3 【中級編】シェイプとアニメーターを組み合わせる

5 線を増やす

【線1】レイヤーを選択した状態で【編集】メニューの【複製】（Ctrl+Dキー）を選択して複製し、複製された【線2】レイヤーを【線1】レイヤーの下に配置します 1。

ここから【線2】～【線6】レイヤーまで複製し、以下のようにパラメーターを設定して配置します。

【線2】（0;02 ～ 0;07）
《トランスフォーム》　　《シェイプ》
【位置】➡【1550, 530】　【線幅】➡【57px】
【スケール】➡【33, 100】　【カラー】➡【#00A0E9】
【回転】➡【180】

【線3】（0;03 ～ 0;09）
《トランスフォーム》　　《シェイプ》
【位置】➡【580, 510】　【線幅】➡【38px】
【スケール】➡【100, 100】　【カラー】➡【#FFFFFF】
【回転】➡【180】

252

Section 3-4 テキストアニメーション

【線4】(1;29 ～ 2;04)

《トランスフォーム》　　《シェイプ》
【位置】➡【1500, 640】　【線幅】➡【18px】
【スケール】➡【100, 100】【カラー】➡【#FFFFFF】
【回転】➡【0】

【線5】(2;01 ～ 2;08)

《トランスフォーム》　　《シェイプ》
【位置】➡【690, 530】　【線幅】➡【57px】
【スケール】➡【33, 100】　【カラー】➡【#00A0E9】
【回転】➡【0】

【線6】(2;02 ～ 2;08)

《トランスフォーム》　　《シェイプ》
【位置】➡【1000, 510】　【線幅】➡【20px】
【スケール】➡【46, 100】　【カラー】➡【#FFFFFF】
【回転】➡【180】

Chapter 3 【中級編】シェイプとアニメーターを組み合わせる

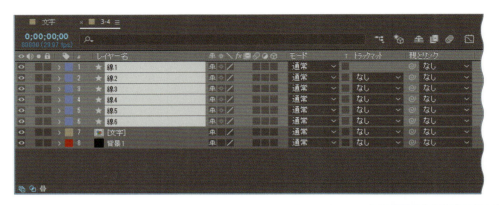

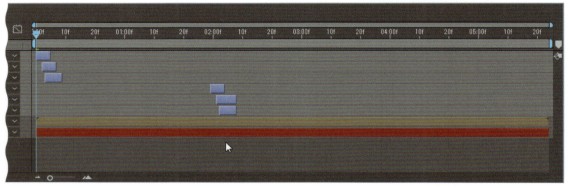

これで、シェイプを装飾したグリッチアニメーションが完成しました。

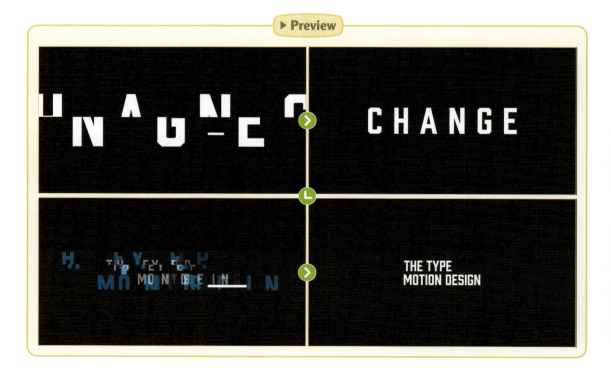

▶ Preview

Chapter 4

【応用編】
3Dアニメーション

After Effectsは基本的に2Dアニメーションのツールですが、簡単な3Dアニメーションを作ることもできます。平面素材を3D空間に配置する3D空間アニメーションやシェイプを押し出す立体アニメーション、そしてCinema 4D LITEを使った限定的な3DCG。これらを組み合わせることで、モーション表現の幅が大きく広がります。

Chapter 4 【応用編】3Dアニメーション

Section 4-1 After Effectsの3D空間

ここでは、カメラを使った3D空間アニメーションの作り方を解説します。

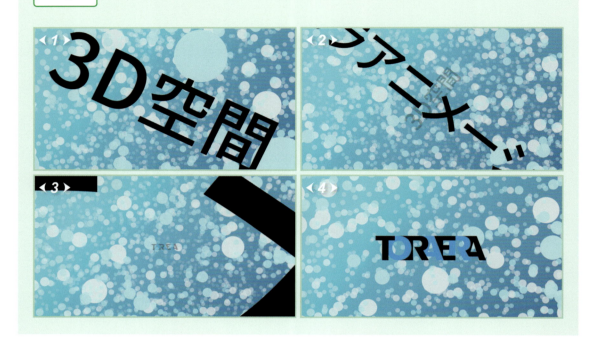

01 新規コンポジションを作成する

【コンポジション】パネルの【新規コンポジション】（Ctrl + N キー）を選択して❶、【コンポジション設定】ダイアログボックスの【基本】タブにある【コンポジション名】に【4-1】と入力します❷。
【プリセット】から【HDTV 1080 29.97】を選択し❸、【デュレーション】に8秒【0;00;08;00】と入力します❹。

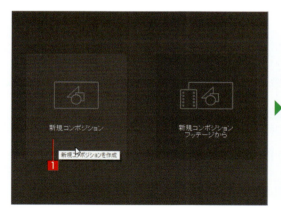

Section 4-1 After Effectsの3D空間

【3Dレンダラー】タブをクリックして 5、【レンダラー】を【クラシック3D】に設定し 6、[OK] ボタンをクリックします 7。

02 背景を作成する

【レイヤー】メニューの【新規】➡【平面】（Ctrl + Y キー）を選択して 1、【平面設定】ダイアログボックスの【名前】に【背景】と入力します 2。
【カラー】を【#FFFFFF】に設定すると 3 4、【タイムライン】パネルに白色の平面が配置されます 5。

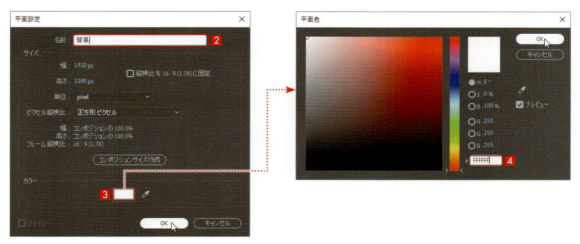

【背景】を選択して、【エフェクト】メニューの【描画】➡
【グラデーション】を適用します 6。
【エフェクトコントロール】パネルの【グラデーション】タ
ブを開いて 7、【グラデーションの開始】を【211, 447】
8、【グラデーションの終了】を【2230, 2203】9 と入
力して、グラデーションの範囲を設定します。
【開始色】をクリックして【カラー】を水色【#5BC9E3】
10、【終了色】をクリックして【カラー】を青色
【#2F579B】11 と入力すると、背景に水色と青色の混
ざったグラデーションが作成されます 12。

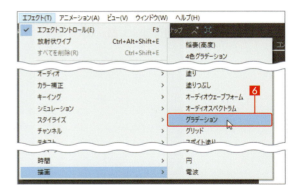

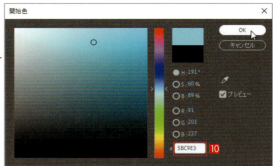

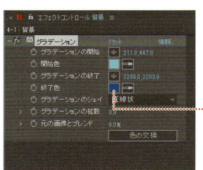

03 パーティクルを作成する

1 CC Particle Worldを適用する

【タイムライン】パネルの何もない場所をクリックして、【背景】レイヤーの選択を解除します。
【レイヤー】メニューの【新規】➡【平面】（Ctrl＋Yキー）を選択して 1 、【平面設定】ダイアログボックスの【名前】に【パーティクル】と入力します 2 。【カラー】を【#000000】に設定すると 3 、黒い平面が作成されます 4 。
【タイムライン】パネルで【パーティクル】レイヤーを選択して 5 、【エフェクト】メニューの【シミュレーション】➡【CC Particle World】を適用します 6 。

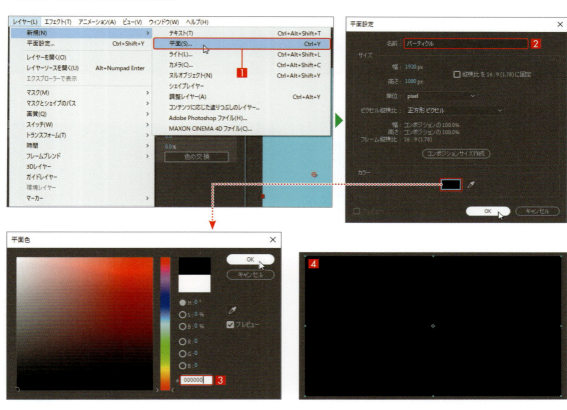

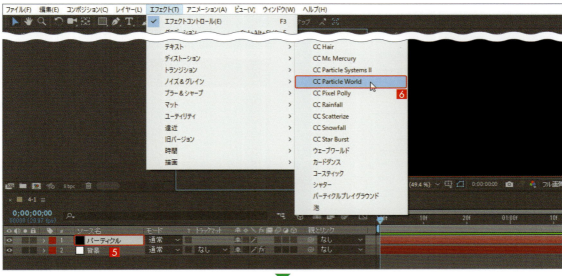

Chapter 4 【応用編】3Dアニメーション

■ （スペース）キーを押して再生すると、次ページのようなパーティクルが出現しました 7 8 。
このパーティクルの動き・形・大きさ・色などを変更して、アニメーションを作成します。

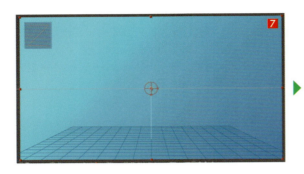
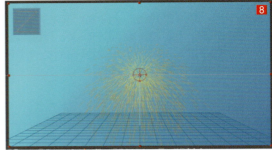

2 パーティクルの形を設定する

【エフェクトコントロール】パネルの【CC Particle World】にある【Particle】タブを開いて 1 、【Particle Type】を【Shaded Sphere】に設定すると 2 、パーティクルの形が影のついた球体になります 3 。
【Birth Size】と【Death Size】にそれぞれ【0.8】と入力すると 4 5 、パーティクルの粒が大きくなります 6 。
また、【Size Variation】に【0】 7 、【Max Opacity】に【100】と入力すると 8 、パーティクルの透明度がなくなります 9 。

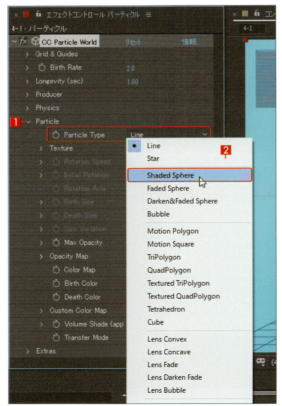
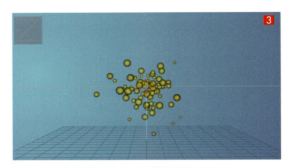
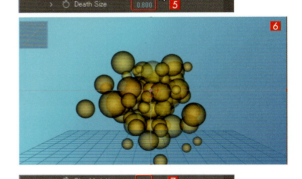
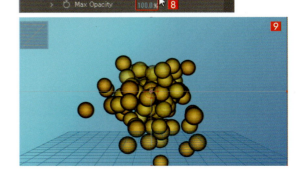

パーティクルが出現する放出口の形を設定します。【Producer】タブを開いて⑩、【Position Z】を【3】⓫、【Radius X】を【1.8】⓬、【Radius Y】を【3】⓭、【Radius Z】を【5】⓮に設定すると、パーティクルが画面全体に広がります⓯。

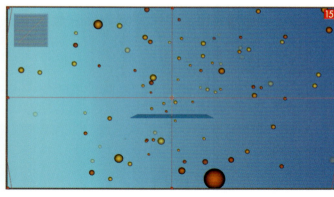

3 物理演算の動きを設定する

【Physics】タブを開いて❶、【Animation】を【Fire】❷、【Velocity】・【Gravity】・【Extra】・【Extra Angle】をすべて【0】に設定すると❸❹❺❻、パーティクルがその場で次々に出現するようになります❼。
【Extras】タブを開いて❽、【Random Seed】に【170】と入力して❾、ランダム配置のランダム具合を変更します❿。

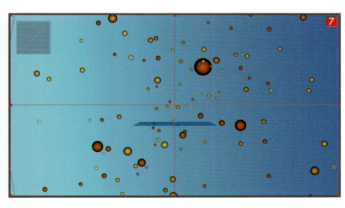

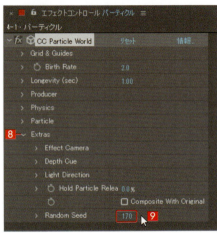
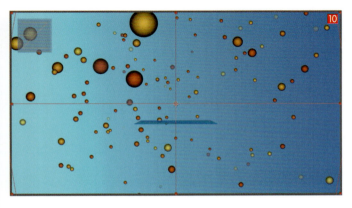

4 パーティクルが出現してから消えるまでの長さを設定する

【Longevity(sec)】に【30】と入力して❶、パーティクルが発生してから消えるまでの時間を30秒に設定します❷。
次に【Particle】タブを開いて、【Opacity Map】を設定します。
【Opacity Map】タブを開くと❸、グラフが表示されます❹。
このままの設定では出現時にフェードイン、消えるときにフェードアウトしてしまうので、グラフを書き換えます。
グラフにマウスカーソルをドラッグすると【ペン】アイコンが表示されるので❺、クリックしながら左方向へドラッグするとグラフの左側が塗りつぶされます。
同様に右側も塗りつぶすと❻、グラフがすべて塗りつぶされた状態になり、パーティクルがはっきり見えるようになります❼。

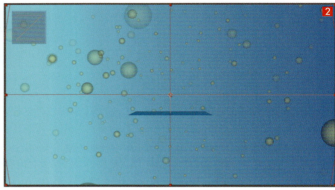

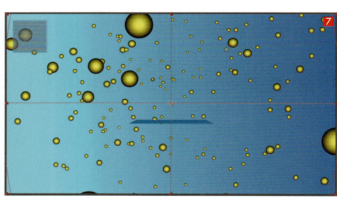
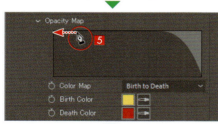

5 パーティクルが最初から出現した状態を作る

【現在の時間インジケーター】を0フレーム【0;00;00;00】に移動して1、【Birth Rate】を【500】と入力し2、【Birth Rate】の左にある【ストップウォッチ】をクリックして3、キーフレームを設定します4。

【現在の時間インジケーター】を1フレーム【0;00;00;01】に移動して5、【Birth Rate】を【0】と入力ます6。
【タイムライン】パネルにある【パーティクル】レイヤーをドラッグして1フレームだけ左に移動すると7、パーティクルが出現した状態となります。

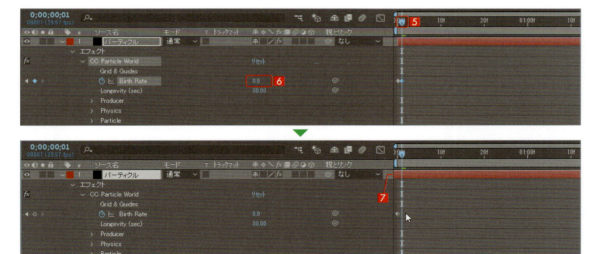

※【Birth Rate】を【0】に設定したキーフレームが【0;00;00;00】にある状態

これで、無数の球体が散りばめられたパーティクルが完成しました。

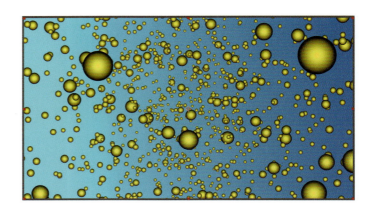

6 パーティクルに色をつける

【パーティクル】レイヤーを選択した状態で 1 、【エフェクト】メニューの【描画】➡【塗り】を適用します 2 。
【エフェクトコントロール】パネルの【塗り】にある【カラー】をクリックして 3 、【#DEE8ED】と入力すると 4 、パーティクルの色が薄い水色になりました 5 。

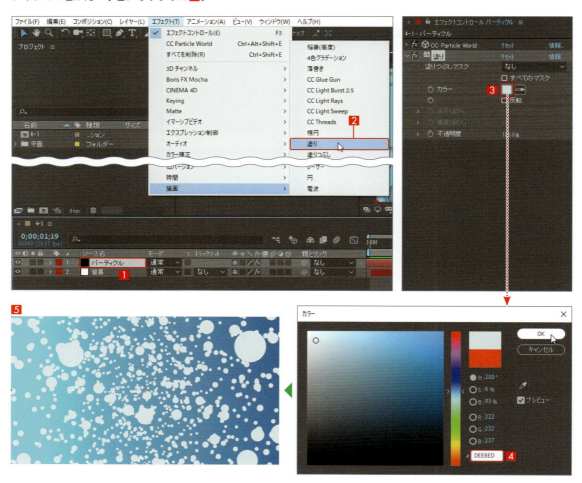

Section 4-1　After Effectsの3D空間

04　カメラアニメーションを作成する

1　カメラを作成する

【タイムライン】パネルの何もない場所をクリックして、【パーティクル】レイヤーの選択を解除します。
【レイヤー】メニューの【新規】→【カメラ】（Ctrl + Alt + Shift + Cキー）を選択して①、【カメラ設定】ダイアログボックスで［OK］ボタンをクリックすると②、【タイムライン】パネルに【カメラ1】が配置されます③。

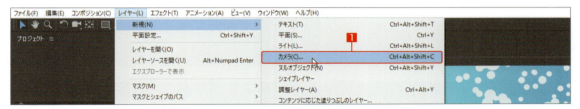

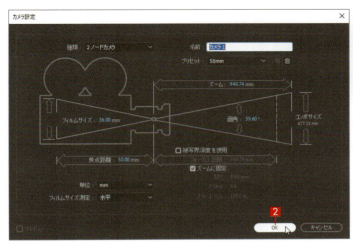

2　ヌルと親子設定をする

【タイムライン】パネルの何もない場所をクリックして、【カメラ1】レイヤーの選択を解除します。
【レイヤー】メニューの【新規】→【ヌルオブジェクト】（Ctrl + Alt + Shift + Yキー）を選択すると①、【タイムライン】パネルに【ヌル1】が配置されます②。
【ヌル1】レイヤーを選択してEnterキーを押し、【レイヤー名】を【カメラ移動】に変更します③。

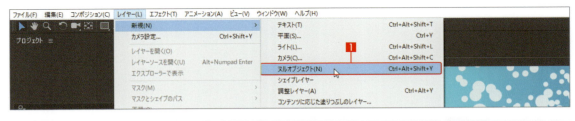

また、【カメラ移動】レイヤーの右にある【3Dレイヤー】アイコンをオンにして 4 、【カメラ1】レイヤーの【レイヤー名】の右にある【ピックウィップ】アイコンをクリックしてドラッグすると線が伸びます。伸びた線を【カメラ移動】レイヤーにドロップすると 5 、【カメラ移動】レイヤーが【カメラ1】レイヤーの親レイヤーになりました 6 。
レイヤーの親子設定をすることで、親レイヤーの動きに子レイヤーが追従するようになります。

3 奥行きのアニメーション

【現在の時間インジケーター】を0フレーム【0;00;00;00】に移動して 1 、【カメラ移動】レイヤーを開き、【トランスフォーム】タブの【位置】の数値に【960, 540, 3200】と入力します 2 。【3Dレイヤー】をオンにしたことで、トランスフォームにZ軸（奥行き）の設定が追加されています。
【位置】の左にある【ストップウォッチ】をクリックして 3 、キーフレームを設定します 4 。
さらに【現在の時間インジケーター】を1秒【0;00;01;00】に移動して 5 、【位置】の数値に【960, 540, 2800】と入力します 6 。
また【Z回転】の数値に【-90】と入力して 7 、【Z回転】の左にある【ストップウォッチ】をクリックして 8 、キーフレームを設定します 9 。これで、1秒間カメラの位置がゆっくり引いていく（バックする）動きができました。

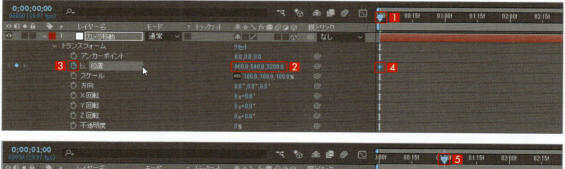

次に、【現在の時間インジケーター】▼を2秒【0;00;02;00】に移動して⑩、【位置】の数値に【960, 540, -1000】と入力し⑪、また【Z回転】の数値に【0】と入力します⑫。

続けて、3秒【0;00;03;00】に移動して⑬、【位置】の数値に【960, 540, -1200】と入力し⑭、また【Z回転】の左にある◆アイコンをクリックします⑮。

続けて、4秒【0;00;04;00】に移動して⑯、【位置】の数値に【960, 540, -5200】⑰、また【Z回転】の数値に【90】と入力します⑱。

続けて、5秒【0;00;05;00】に移動して⑲、【位置】の数値に【960, 540, -5400】と入力します⑳。

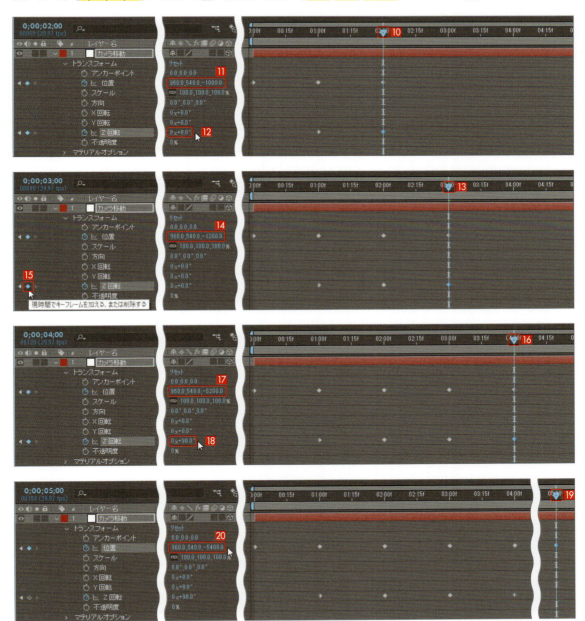

最後に、【現在の時間インジケーター】を5秒24フレーム【0;00;05;24】に移動して 21 、【位置】の数値に【960, 540, 6000】と入力します 22 。

【位置】の左から3・5・7番目のキーフレームを Shift キーを押しながらクリックして選択し 23 、 F9 キーを押して【イージーイーズ】を適用します 24 。

同様に、【Z回転】の左から2・4番目のキーフレームを Shift キーを押しながらクリックして選択し 25 、 F9 キーを押して【イージーイーズ】を適用します 26 。これで、カメラが回転しながら3D空間を前後に移動するアニメーションができました。

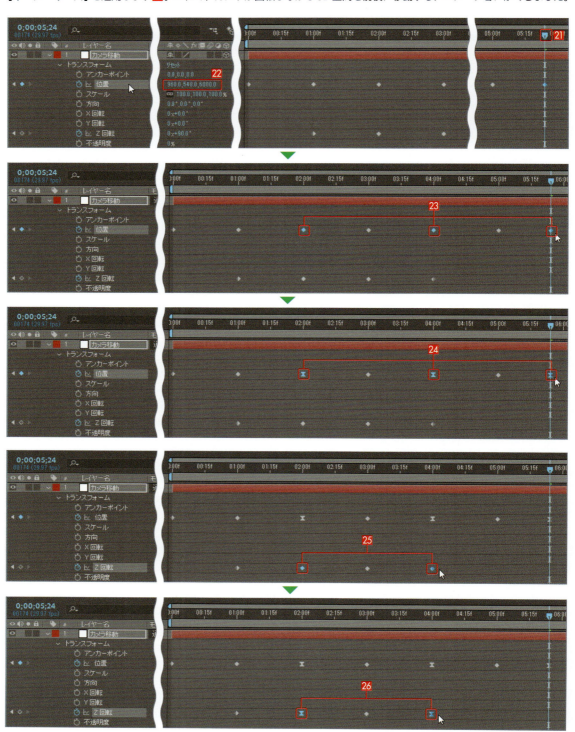

Section 4-1　After Effectsの3D空間

【イージーイーズ】の詳細を調整する

【グラフエディター】■をクリックしてから ❶、【位置】を選択して ❷、速度グラフ※を表示します ❸。
各秒のキーフレームを【選択ツール】▶でダブルクリックすると、【キーフレーム速度】の設定が表示されます。
【入る速度】の【影響】をすべて【80】に設定します。

※速度グラフが表示されない場合は、50ページを参照

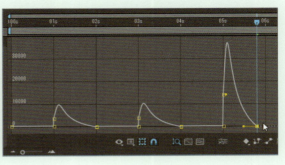

269

【Z回転】を選択して 4 、速度グラフを表示します。
【入る速度】の【影響】をすべて【80】に設定します。

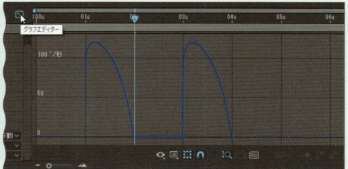

設定が終わったら、【グラフエディター】をクリックして閉じます 5 。

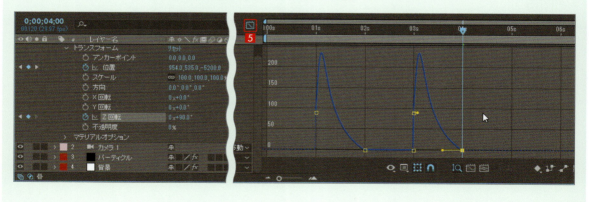

Section 4-1　After Effectsの3D空間

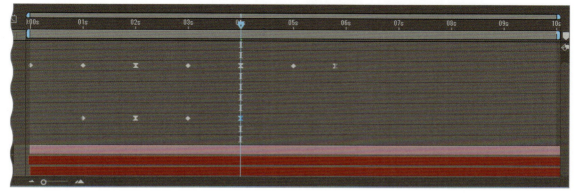

これで、カメラの動きに緩急をつけることができました。

▶ Preview

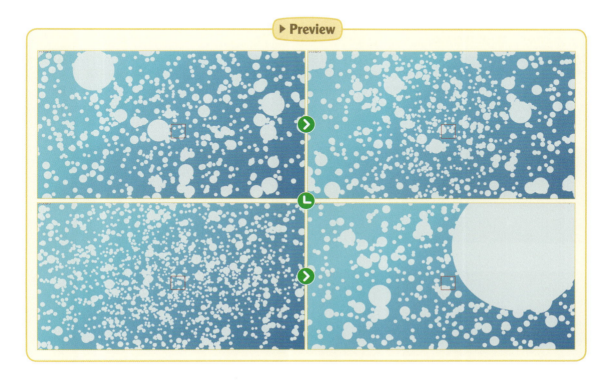

4 カメラ視点のパーティクルの表示設定

【パーティクル】レイヤーを選択して、【エフェクトコントロール】パネルの【CC Particle World】にある【Extras】タブを開きます❶。

【Depth Cue】タブを開いて❷、【Type】を【Fade】に変更し❸、【Distance】を【10】に設定すると❹、カメラとの距離が離れるとフェードがかかり始め、指定した距離で完全に消えます。

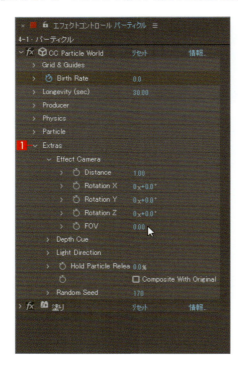
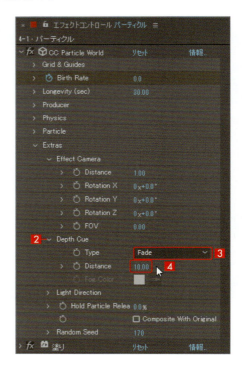

5 色違いのパーティクルを作る

【パーティクル】レイヤーを選択して、【編集】メニューの【複製】(Ctrl + Dキー) を選択して複製します。2つの【パーティクル】レイヤーができたので、下にある【パーティクル】を選択してEnterキーを押して名前を【パーティクル1】に変更します❶。同様に、上にある【パーティクル】を選択してEnterキーを押して名前を【パーティクル2】に変更します❷。
複製された【パーティクル2】レイヤーを選択して、【エフェクトコントロール】パネルの【CC Particle World】にある【Extras】タブを開き❸、【Random Seed】に【500】と入力してランダム具合をずらします❹。

【エフェクトコントロール】パネルの【塗り】にある【カラー】をクリックして 5、【カラー】ダイアログボックスで【#A6E4EE】を指定すると 6、濃い水色のパーティクルが増えました。

6 画像を配置する

【ファイル】メニューの【読み込み】→【ファイル】(Ctrl+Iキー)を選択して 1、【ファイルの読み込み】ダイアログボックスで【TORAERA_LOGO.ai】を読み込みます 2 3 4。

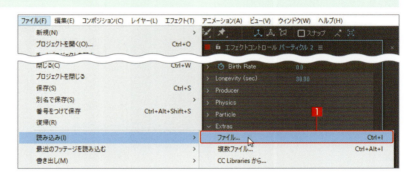

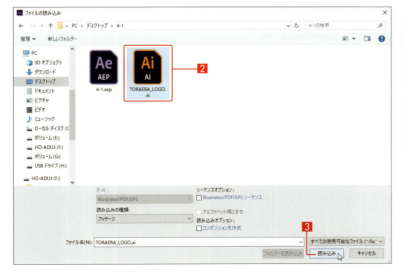

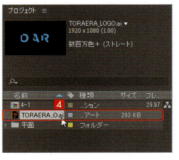

【プロジェクト】パネルから【TORAERA_LOGO.ai】コンポジションをドラッグして 5 、【4-1】コンポジションの【カメラ 1】レイヤーの下に配置します。
【TORAERA_LOGO.ai】レイヤーの右にある【3Dレイヤー】アイコン をオンにしてから 6 、【TORAERA_LOGO.ai】のトランスフォームを調整します。

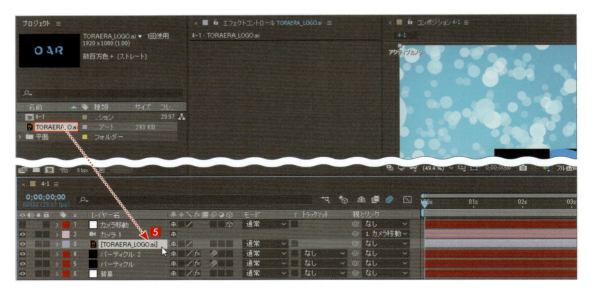

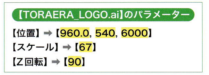

【TORAERA_LOGO.ai】のパラメーター
【位置】➡【960.0, 540, 6000】
【スケール】➡【67】
【Z回転】➡【90】

次にアニメーションを設定します。
【TORAERA_LOGO.ai】レイヤーを【現在の時間インジケーター】 のある5秒【0;00;05;00】の位置にドラッグして配置します 7 。【TORAERA_LOGO.ai】レイヤーを開いて 8 、【トランスフォーム】タブを開き、【不透明度】の数値に【0】と入力します 9 。
【不透明度】の左にある【ストップウォッチ】 をクリックして 10 、キーフレームを設定します 11 。

Section 4-1　After Effectsの3D空間

【現在の時間インジケーター】■を5秒10フレーム【0;00;05;10】に移動します⓬。
【不透明度】の数値に【100】と入力すると⓭、カメラが寄っていくタイミングでロゴが出現するようになりました。

7 テキストを作成する

【テキストツール】■を選択して❶、【コンポジション】パネルのプレビューをクリックすると文字が入力できる状態になるので❷、「3D空間」と入力します❸。

文字のパラメーター	
フォント	源ノ角ゴシック JP Medium
大きさ	300px
カラー	#000000

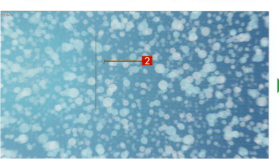

275

このままではバランスが悪いので「3D」をドラッグして選択し 4 、【文字】パネルの【フォントサイズを設定】の数値を【340】 5 と入力してから、【ベースラインシフトを設定】の数値を【-13】と入力して 6 、文字のバランスを整えます 7 。

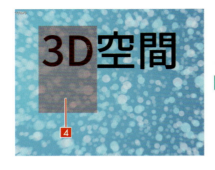

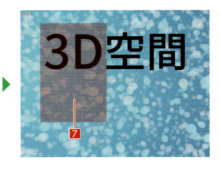

【アンカーポイントツール】 に切り替えて、アンカーポイントを Ctrl キーを押しながらドラッグして文字の中心に配置します 8 。
【選択ツール】 に切り替えて 9 、「3D空間」を選択した状態で【整列】パネルの【水平方向に整列】 10 と【垂直方向に整列】 11 を順にクリックして、画面中央に配置します 12 。
次に、【パーティクル2】レイヤーの上にドラッグして配置してから、【3D空間】レイヤーの右にある【3Dレイヤー】 13 をオンにして、【トランスフォーム】タブのパラメーターを設定します 14 。

「3D空間」のパラメーター
【位置】→【960, 540, -1000】

8 フェードアニメーション

【現在の時間インジケーター】■を3秒【0;00;03;00】に移動して■、【不透明度】の左にある【ストップウォッチ】■をクリックして■、キーフレームを設定します■。

次に【現在の時間インジケーター】■を3秒10フレーム【0;00;03;10】に移動して■、【不透明度】の数値に【0】と入力します■。

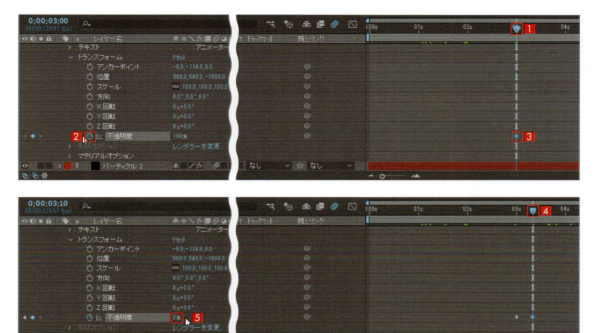

【テキストツール】■を選択して■、【コンポジション】パネルのプレビューをクリックすると文字が入力できる状態になるので■、「カメラアニメーション」と入力します■。

文字のパラメーター
フォント　源ノ角ゴシック JP Medium
大きさ　　150px
カラー　　#000000

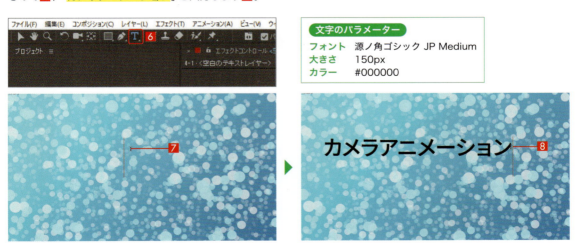

【アンカーポイントツール】に切り替えて、アンカーポイントを Ctrl キーを押しながらドラッグして文字の中央に配置します 9 。

【選択ツール】 に切り替えて 10 、「カメラアニメーション」を選択した状態で【整列】パネルの【水平方向に整列】 11 と【垂直方向に整列】 12 を順にクリックして、画面中央に配置します 13 。

次に、【3D空間】レイヤーの上にドラッグして配置してから【カメラアニメーション】レイヤーの右にある【3Dレイヤー】 14 をオンにして、【トランスフォーム】タブのパラメーターを設定します 15 。

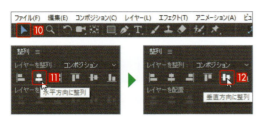

「カメラアニメーション」のパラメーター
【位置】⇒【960, 540, -5000】
【Z回転】⇒【90】

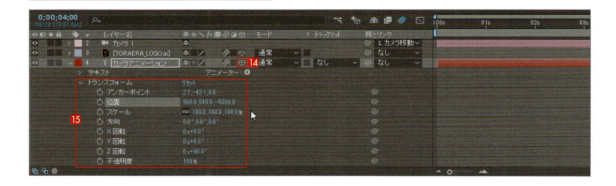

これで、3D空間に文字とロゴが配置できました。

▶ Preview

Section 4-1　After Effectsの3D空間

9 カメラを揺らす

【タイムライン】パネルの何もない場所をクリックして、【カメラアニメーション】レイヤーの選択を解除します。
【レイヤー】メニューの【新規】➡【ヌルオブジェクト】（Ctrl＋Alt＋Shift＋Yキー）を選択すると1、【タイムライン】パネルに【ヌル2】が配置されます2。
【ヌル2】を選択してEnterキーを押し、【レイヤー名】を【カメラ揺れ】に書き換えます3。

【カメラ移動】の【レイヤー名】の右にある【ピックウィップ】アイコンをドラッグすると線が伸びるので、伸びた線を【カメラ揺れ】レイヤーにドロップすると4、【カメラ揺れ】レイヤーが【カメラ移動】レイヤーの親レイヤーになります5。
次にアニメーションを設定します。【カメラ揺れ】レイヤーを開いて6、【トランスフォーム】タブの【位置】の左にある【ストップウォッチ】をAltキーを押しながらクリックすると7、【タイムライン】パネルでレイヤーが展開されてエクスプレッションが入力できる状態になります8。

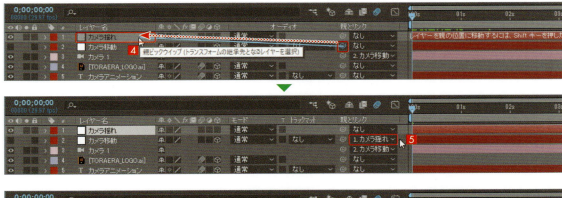

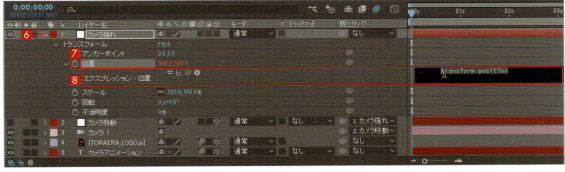

ここでは、【wiggle(0.6, 20)】と入力します ❾。これは1秒間に0.6回、20ピクセル位置がランダムに変動することになります。

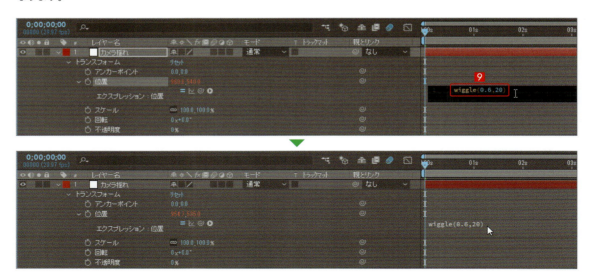

これで、揺れながらカメラが動く3D空間のアニメーションが完成しました。

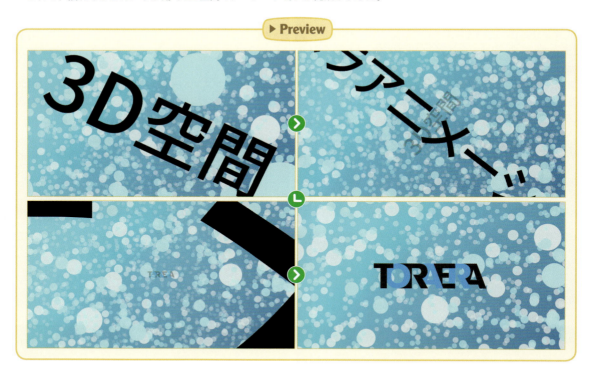

Section 4-2 押し出しシェイプの3D

Section 4-2 押し出しシェイプの3D

ここでは、Adobe Illutratorで作成した「aiファイル」を3D化した3Dロゴアニメーションの作り方を解説します。

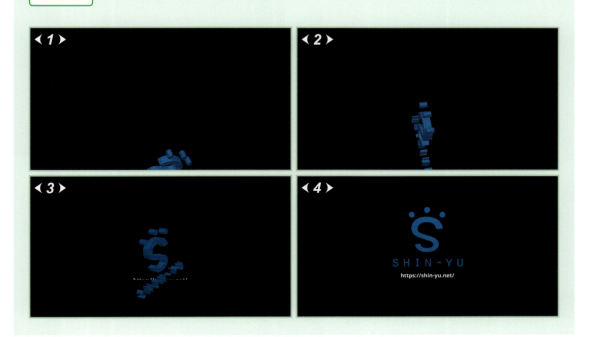

01 コンポジションを作成する

【コンポジション】パネルの【新規コンポジション】（Ctrl+Nキー）を選択して❶、【コンポジション設定】ダイアログボックスの【基本】タブにある【コンポジション名】に【4-2】と入力します❷。
【プリセット】から【HDTV 1080 29.97】を選択して❸、【デュレーション】に4秒【0;00;04;00】と入力します❹。

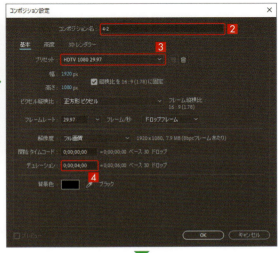

【3Dレンダラー】タブをクリックして 5 、【レンダラー】を【クラシック3D】から【CINEMA 4D】に変更して 6 、[OK] ボタンをクリックします 7 。

> **TIPS**
> 【レンダラー】を【CINEMA 4D】にすることで、3Dメニューの【形状オプション】が使用できるようになります。

02 背景を作成する

【レイヤー】メニューの【新規】→【平面】（ Ctrl + Y キー）を選択して 1 、【平面設定】ダイアログボックスの【名前】に【背景】と入力します 2 。【カラー】を【#101010】に設定すると 3 4 、【タイムライン】パネルに濃いグレーの平面が配置されます 5 。

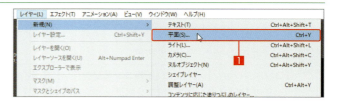

Section 4-2 押し出しシェイプの3D

03 ロゴを配置する

【ファイル】メニューの【読み込み】
➡【ファイル】（ Ctrl + I キー）を選択して
1、【ファイルの読み込み】ダイアログボックスで【SHIN-YU_LOGO.ai】を読み込みます 2 3。
【プロジェクト】パネルから【SHIN-YU_LOGO.ai】をドラッグして 4、【4-2】コンポジションの【背景】レイヤーの上に配置し 5、【SHIN-YU_LOGO.ai】のトランスフォームを設定します 6。

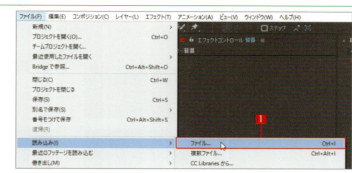

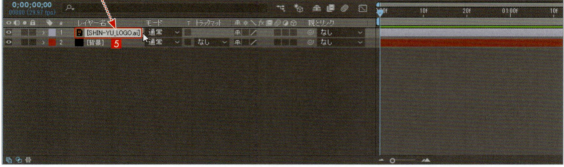

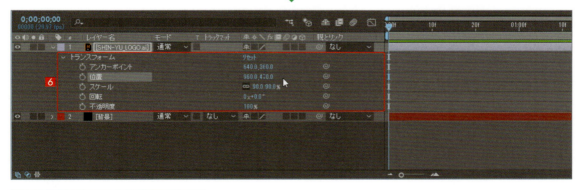

【SHIN-YU_LOGO.ai】のパラメーター
【位置】➡【960, 470】
【スケール】➡【90】

Chapter 4 【応用編】3Dアニメーション

04 テキストを作成する

【テキストツール】■を選択して■、【コンポジション】パネルのプレビューをクリックすると文字が入力できる状態になるので■、「https://shin-yu.net/」と入力します■。

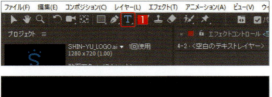

文字のパラメーター
フォント　OpenSans Bold
大きさ　　40px
カラー　　#FFFFFF

【選択ツール】■に切り替えて■、【https://shin-yu.net/】テキストレイヤーを選択した状態で【整列】パネルの【水平方向に整列】■■をクリックします。

【選択ツール】■に切り替えて、【https://shin-yu.net/】テキストレイヤーの【トランスフォーム】タブを開き■、【位置】のy軸の数値を【764】と入力して■、【SHIN-YU_LOGO.ai】レイヤーの下に配置します。

【https://shin-yu.net/】の左にある【ビデオ】■（目）スイッチをクリックして、レイヤーを非表示にします■。

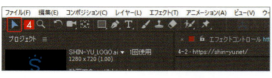

284

Section 4-2 押し出しシェイプの3D

05 レイヤーを3D化する

【SHIN-YU_LOGO.ai】レイヤーを選択した状態で①、【レイヤー】メニューの【作成】➡【ベクトルレイヤーからシェイプを作成】を選択すると②、シェイプ化された【SHIN-YU_LOGO.aiアウトライン】レイヤーが配置されます③。さらに【SHIN-YU_LOGO.aiアウトライン】レイヤーの右にある【3Dレイヤー】アイコン■をクリックすると④、【SHIN-YU_LOGO.aiアウトライン】レイヤーが3Dレイヤーとなります⑤。
【SHIN-YU_LOGO.aiアウトライン】レイヤーを選択してEnterキーを押し、【レイヤー名】を【3Dロゴ】に変更します⑥。
【3Dロゴ】レイヤーを開いて⑦、【形状オプション】の【押し出す深さ】の数値を【60】と入力します⑧。
これで、ロゴに厚みを付けることができました。

> **TIPS 3Dの押し出し**
>
> テキストもしくはシェイプレイヤーは、3Dレイヤーに設定することで【形状オプション】の【押し出す深さ】が設定できるようになります。

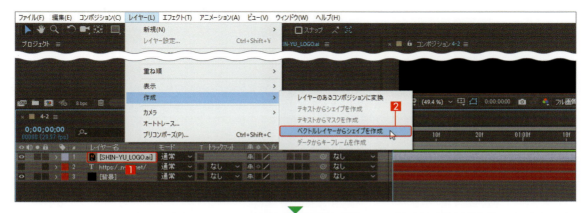

 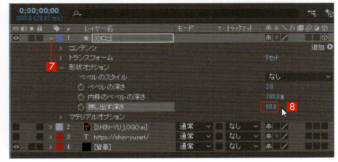

06 3Dアニメーションを作成する

【現在の時間インジケーター】を0秒【0;00;00;00】に移動します❶。
【3Dロゴ】レイヤーの【トランスフォーム】タブを開いて❷、【位置】の数値を【960, 1520, 0】と入力し❸、【位置】の左にある【ストップウォッチ】をクリックして❹、キーフレームを設定します❺。
次に、【X回転】の数値を【90】と入力し❻、【X回転】の左にある【ストップウォッチ】をクリックして❼、キーフレームを設定します❽。
さらに、【Y回転】の数値を【-1x0】と入力し❾、【Y回転】の左にある【ストップウォッチ】をクリックして❿、キーフレームを設定します⓫。
最後に、【Z回転】の数値を【-90】と入力し⓬、【Z回転】の左にある【ストップウォッチ】をクリックして⓭、キーフレームを設定します⓮。

Section 4-2 押し出しシェイプの3D

【現在の時間インジケーター】を2秒【0;00;02;00】に移動して15、【位置】の数値を【960, 470, 0】と入力します16。
【X回転】の数値を【0】17、【Y回転】の数値を【0×0】18、【Z回転】の数値を【0】19とそれぞれ入力します。
【位置】の左から2つ目のキーフレームを選択して20、F9キーを押して【イージーイーズ】を適用します21。

287

同様に、【X回転】【Y回転】【Z回転】も左から２つ目のキーフレームを選択して22、 F9 キーを押して【イージーイーズ】を適用します23。

イージーイーズの詳細を調整する

【グラフエディター】をクリックしてから1、【位置】を選択して2、速度グラフ※を表示します3。
キーフレームをダブルクリックすると、【キーフレーム速度】ダイアログボックスが表示されます。
【2秒】のキーフレームの【入る速度】の【影響】の数値をすべて【60】に設定します。

※速度グラフが表示されない場合は、50ページを参照

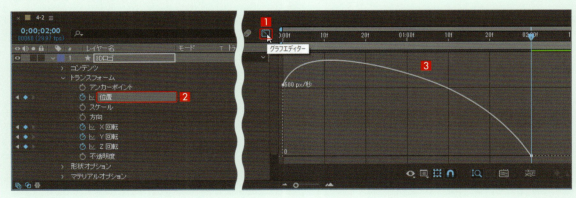

【位置】
時間【2秒】
入る速度：速度【デフォルト】　影響【60】
出る速度：速度【デフォルト】　影響【デフォルト】

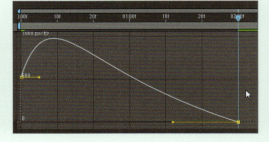

同様に、【X回転】【Y回転】【Z回転】も下記のように設定します。

【X回転】
時間【2秒】
入る速度：速度【デフォルト】　影響【60】
出る速度：速度【デフォルト】　影響【デフォルト】

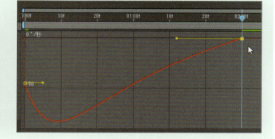

【Y回転】
時間【2秒】
入る速度：速度【デフォルト】　影響【60】
出る速度：速度【デフォルト】　影響【デフォルト】

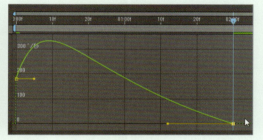

【Z回転】
時間【2秒】
入る速度：速度【デフォルト】　影響【60】
出る速度：速度【デフォルト】　影響【デフォルト】

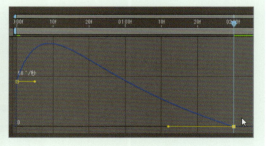

設定が終わったら、【グラフエディター】 をクリックして閉じます。

Chapter 4 【応用編】3Dアニメーション

これで、画面下から3Dロゴが回転しながら出現するアニメーションができました。

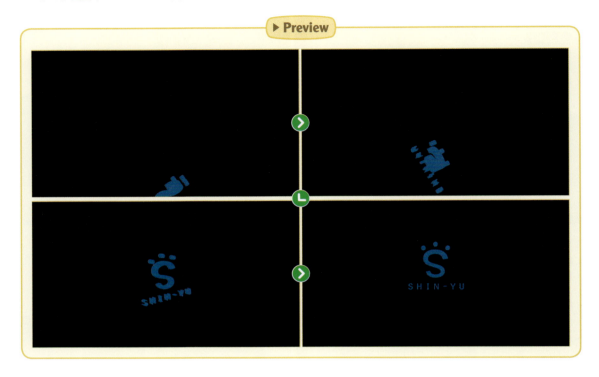

07 3Dレイヤーに立体感を出す

【タイムライン】パネルの何もない場所をクリックして、【3Dロゴ】レイヤーの選択を解除します。
【レイヤー】メニューの【新規】→【ライト】（ Ctrl + Alt + Shift + L キー）を選択します❶。
【ライト設定】ダイアログボックスで【ライト】の種類を【ポイント】にして❷、【OK】ボタンをクリックすると❸、【ポイントライト1】レイヤーが【タイムライン】パネルに配置されます❹。

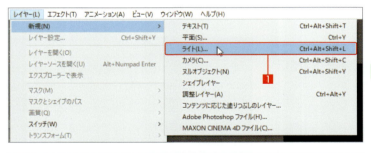

【ポイントライト1】により【3Dロゴ】に陰影がついて、より立体感が表現できました。【ポイントライト1】の【トランスフォーム】タブを開いて5、【位置】の数値を【1000, 50, -800】と入力します6。
また、【ライトオプション】タブを開き7、【強度】の数値を【50】に設定します8。

【タイムライン】パネルの何もない場所をクリックして、【ポイントライト1】レイヤーの選択を解除します。
さらに、【レイヤー】メニューの【新規】→【ライト】（Ctrl + Alt + Shift + Lキー）を選択します9。
【ライト設定】ダイアログボックスで【ライト】の種類を【アンビエント】にして10、[OK]ボタンをクリックすると11、【アンビエントライト1】レイヤーが【タイムライン】パネルに配置されます12。

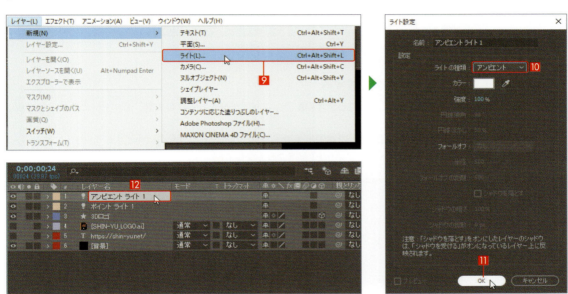

【アンビエントライト1】レイヤーを開いて13、【ライトオプション】の【強度】の数値を【70】と入力します14。

２つのライトを追加したことにより【3Dロゴ】に陰影ができて、立体感が加わりました。

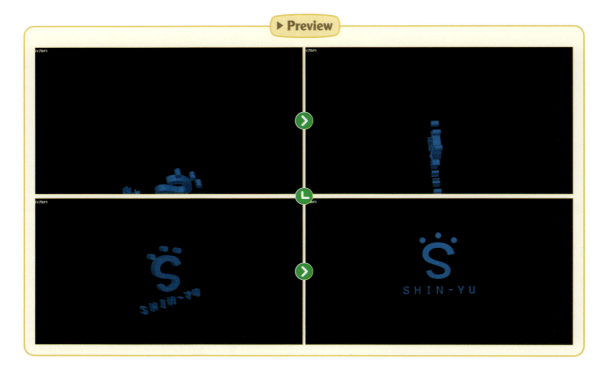

08 テキストアニメーションを合成する

【https://shin-yu.net/】の左にある【ビデオ】◉（目）スイッチをクリックして❶、レイヤーの非表示を解除します❷。【現在の時間インジケーター】を２秒【0;00;02;00】に移動して❸、【https://shin-yu.net/】の【トランスフォーム】タブを開き❹、【位置】の左にある【ストップウォッチ】をクリックして❺、キーフレームを設定します❻。

【現在の時間インジケーター】 を0秒15フレーム【0;00;00;15】に移動して 7 、【位置】のy軸の数値を【870】と入力します 8 。
【位置】の左から2つ目のキーフレームを選択して 9 、 F9 キーを押して【イージーイーズ】を適用します 10 。

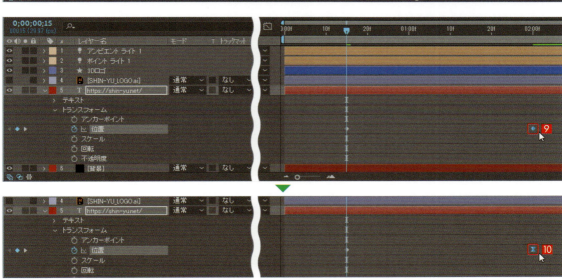

【イージーイーズ】の詳細を調整する

【グラフエディター】 をクリックしてから 1 、【位置】を選択して 2 、速度グラフ※を表示します 3 。
【2秒】のキーフレームを【選択ツール】 でダブルクリックすると、【キーフレーム速度】の設定が表示されます。
【入る速度】の【影響】の数値に【60】と入力します。
※速度グラフが表示されない場合は、50ページを参照

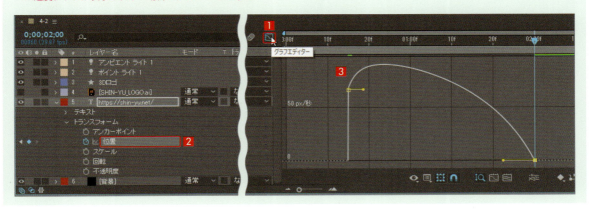

【位置】
時間【2秒】
入る速度：速度【デフォルト】　影響【60】
出る速度：速度【デフォルト】　影響【デフォルト】

設定が終わったら、【グラフエディター】をクリックして閉じます 4 。

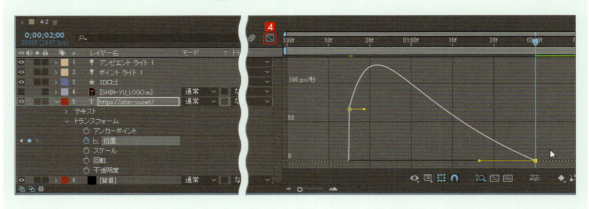

次に、【レイヤー】メニューの【新規】
➡【平面】（ Ctrl + Y キー）を選択して 11 、【平面設定】ダイアログボックスの【名前】に【URLマット】と入力します 12 。
【カラー】を【#FF0000】に設定すると 13 14 、【タイムライン】パネルに赤色の平面が配置されます 15 。

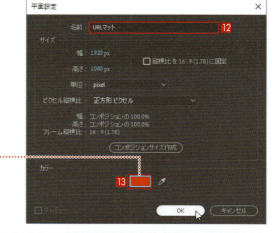

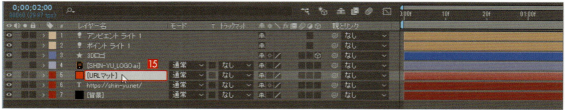

Section 4-2 押し出しシェイプの3D

【URLマット】レイヤーを【https://shin-yu.net/】レイヤーの上に配置します。
【URLマット】の【トランスフォーム】タブを開いて16、【位置】の数値を【960, 1330】と入力し17、「https://shin-yu.net/」が隠れるように配置します18。
最後に、【https://shin-yu.net/】の右にある【トラックマット】19を【なし】から【アルファ反転マット"[URLマット]"】に変更すると20、何もない場所からテキストが出現するアニメーションができあがりました21 22。

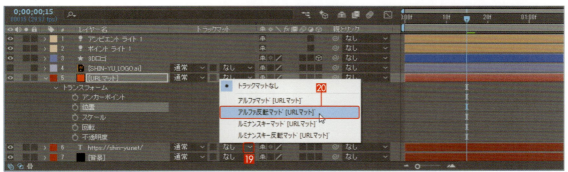

これで、画像を3D化したアニメーションの完成です。

Chapter 4 【応用編】3Dアニメーション

Section 4-3 3Dスマホの作り方

ここでは、After Effectsに付属の3Dソフト「CINEMA 4D Lite」を使った3DCGアニメーションの作り方を解説します。

01 スマートフォンを作成する

1 コンポジションを作成する

【コンポジション】メニューの【新規コンポジション】（Ctrl + N キー）を選択します 1 。
【コンポジション設定】ダイアログボックスの【基本】タブにある【コンポジション名】に【スマホ】と入力します 2 。
【プリセット】から【HDTV 1080 29.97】を選択して 3 、
【デュレーション】に6秒【0;00;06;00】と入力します 4 。
【3D レンダラー】タブをクリックして 5 、【レンダラー】を【クラシック3D】から【CINEMA 4D】に変更して 6 、
[OK] ボタンをクリックします 7 。

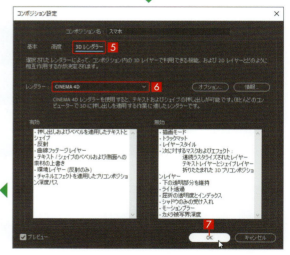

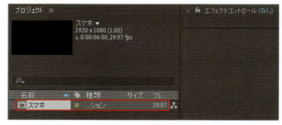

2 「本体」のパーツを作成する

【レイヤー】メニューの【新規】→【シェイプレイヤー】を選択すると 1 、【タイムライン】パネルに【シェイプレイヤー1】レイヤーが作成されます。
【シェイプレイヤー1】レイヤーを開いて 2 、【コンテンツ】の【追加】の右にある▶をクリックして【長方形】を選択すると、【シェイプレイヤー1】レイヤーの中に【長方形パス1】が追加されます。同様に、【コンテンツ】の【追加】の右にある▶をクリックして【塗り】を選択すると、【シェイプレイヤー1】レイヤーの中に【塗り1】が追加されます 3 。

Section 4-3 3Dスマホの作り方

【長方形パス1】タブを開き 4 、【サイズ】にある【チェーンアイコン】をクリックして【縦横比を固定】を解除します 5 。
【サイズ】の数値に【380, 780】 6 、【角丸の半径】の数値に【30】とそれぞれ入力すると 7 、画面上の長方形の角が丸くなります 8 。
【塗り1】タブを開いて、【カラー】を【#B10000】に設定すると 9 、画面上の長方形が赤色になります。
【シェイプレイヤー1】を選択して、Enterキーを押して【レイヤー名】を【本体】に変更します 10 。

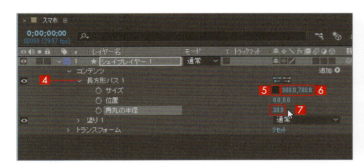 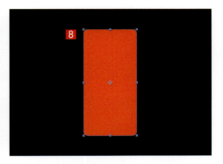

3 「画面」のパーツを作成する

【本体】レイヤーを選択して、【編集】メニューの【複製】（Ctrl + D キー）を選択して複製します。
複製された【本体2】レイヤーを選択して 1 、Enterキーを押して【レイヤー名】を【画面】に変更します 2 。

【長方形パス1】タブを開いて、【サイズ】の数値に【337, 600】、【角丸の半径】の数値に【0】とそれぞれ入力します。
【塗り1】タブを開いて、【カラー】を【#000000】に設定すると 3 、画面上の長方形が黒色になります 4 。

297

4 「スピーカー」と「マイク」のパーツを作成する

【画面】レイヤーを選択して、【編集】メニューの【複製】（Ctrl + D キー）を選択して複製します。
複製された【画面2】レイヤーを選択して１、Enter キーを押して【レイヤー名】を【SPマイク】に変更します２。
【長方形パス1】タブを開いて３、【サイズ】の数値に【100, 15】と入力します４。
続いて【トランスフォーム】タブを開いて５、【位置】の数値を【960, 890】と入力します６。

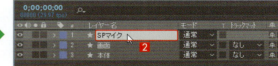

【SPマイク】レイヤーを選択して、【編集】メニューの【複製】（Ctrl + D キー）を選択して複製します。
複製された【SPマイク2】レイヤーを選択して７、Enter キーを押して【レイヤー名】を【SPスピーカー】に変更します８。
【SPスピーカー】レイヤーを開いて９、【長方形パス1】タブを開き１０、【角丸の半径】の数値に【5】と入力します１１。

Section 4-3 3Dスマホの作り方

【トランスフォーム】タブを開いて⓰、【位置】の数値を【960, 200】と入力します⓱。
これで、【スピーカー】と【マイク】のパーツが完成しました。

5 「カメラ」のパーツを作成する

【タイムライン】パネルの何もない場所をクリックして、レイヤーの選択を解除します。
【レイヤー】メニューの【新規】➡【シェイプレイヤー】を選択すると❶、【タイムライン】パネルに【シェイプレイヤー1】が作成されます。

【シェイプレイヤー1】レイヤーを開いて❷、【コンテンツ】の【追加】の右にある▶をクリックして【楕円形】を選択すると❸、【シェイプレイヤー1】レイヤーの中に【楕円形パス1】が追加されます。
続けて、▶をクリックして【塗り】を選択すると❹、【シェイプレイヤー1】レイヤーの中に【塗り1】が追加されます。
【楕円形パス1】タブを開いて、【サイズ】の数値に【30】と入力します。

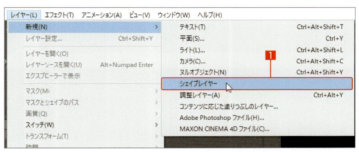

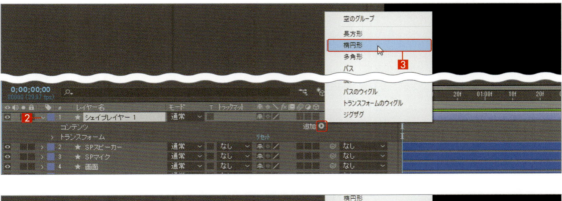

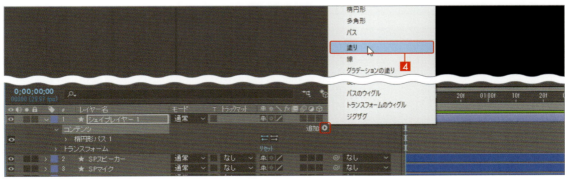

299

【塗り1】タブを開いて【カラー】を【#000000】に設定すると 5 、画面上の楕円形が黒色になります。
【トランスフォーム】タブを開いて 6 、【位置】の数値を【840, 200】と入力します 7 8 。
【シェイプレイヤー1】を選択して、Enter キーを押して【レイヤー名】を【SPカメラ】に変更します 9 。

6 本体裏側の「カメラ」と「ライト」のパーツを作成する

【SPカメラ】レイヤーを選択して、【編集】メニューの【複製】（Ctrl + D キー）を選択して複製します。
複製された【SPカメラ2】レイヤーを選択して、Enter キーを押して【レイヤー名】を【カメラ裏】に変更し、【画面】レイヤーの下に配置します 1 。【コンテンツ】→【楕円形パス1】タブを開いて 2 、【サイズ】の数値に【40】と入力します 3 。

【SPスピーカー】レイヤーを選択して、【編集】メニューの【複製】（Ctrl + Dキー）を選択して複製します。
複製された【SPスピーカー2】レイヤーを選択して、Enterキーを押して【レイヤー名】を【ライト裏】に変更し、【カメラ裏】レイヤーの下に配置します 4 。
【ライト裏】タブを開いて 5 、【コンテンツ】→【長方形パス1】を開き、【サイズ】の数値に【130, 25】 6 、【角丸の半径】を【35】 7 と入力します。

これで、スマートフォン本体の表側と裏側のパーツが作成できました 8 9 。
レイヤーの表と裏をソロ表示で確認します。

7 レイヤーを3D化して保存する

【本体】レイヤーを選択した状態で【編集】メニューの【すべてを選択】（ Ctrl + A キー）を選択して、すべてのレイヤーを選択します❶。
【本体】レイヤーの右にある【3Dレイヤー】アイコン をオンにすると❷、選択しているすべてのレイヤーが3Dレイヤーになります❸。

【ファイル】メニューの【別名で保存】→【別名で保存】（ Ctrl + Shift + S キー）を選択します❹。
【ファイル名】を【4-3】と入力し❺、【保存】ボタンをクリックしてプロジェクトファイルを保存します❻。

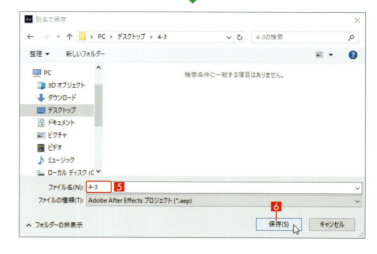

Section 4-3 3Dスマホの作り方

【ファイル】メニューの【別名で保存】→
【別名で保存】（Ctrl + Shift + S キー）を
選択します 8 。
【ファイル名】を【4-3】と入力し 9 、[保
存]ボタンをクリックしてプロジェクト
ファイルを保存します 10 。

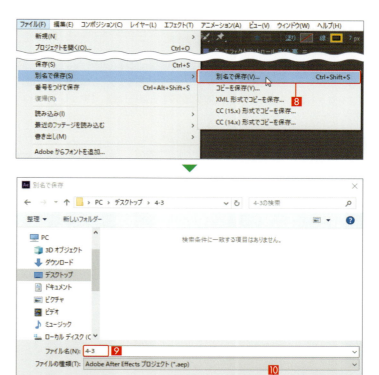

【ファイル】メニューの【書き出し】→
【MAXON Cinema 4D Exporter】を
選択します 11 。
ファイル名を【sp_01】と入力して 12 、
[保存]ボタンをクリックすると 13 、ス
マートフォンのレイヤーがCinema 4D
データで書き出されます。

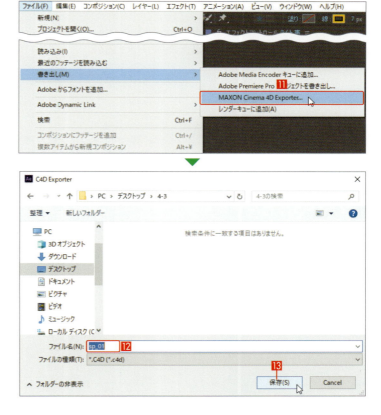

303

02 Cinema 4D Liteで3Dシーンを作成する

1 コンポジションを作成する

【コンポジション】メニューの【新規コンポジション】（Ctrl＋Nキー）を選択します❶。
【コンポジション設定】ダイアログボックスの【基本】タブにある【コンポジション名】に【4-3】と入力します❷。
【プリセット】から【HDTV 1080 29.97】を選択し❸、【デュレーション】に6秒【0;00;06;00】と入力して❹、[OK]ボタンをクリックします❺。

2 3Dオブジェクトを作成する

【ファイル】メニューの【読み込み】→【ファイル】（Ctrl＋Iキー）を選択して❶、【ファイルの読み込み】ダイアログボックスで先ほど保存した【sp_01.c4d】を読み込みます❷❸。

Section 4-3　3Dスマホの作り方

【プロジェクト】パネルから【sp_01.c4d】を選択して 4 、【タイムライン】パネルにドラッグして配置します 5 。

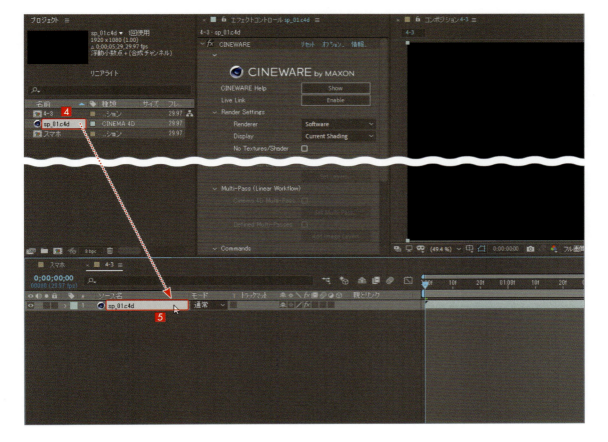

【sp_01.c4d】レイヤーを選択した状態で、【編集】メニューの【オリジナルを編集】（Ctrl + E キー）を選択すると⑥、CINEMA 4D Liteが起動します。

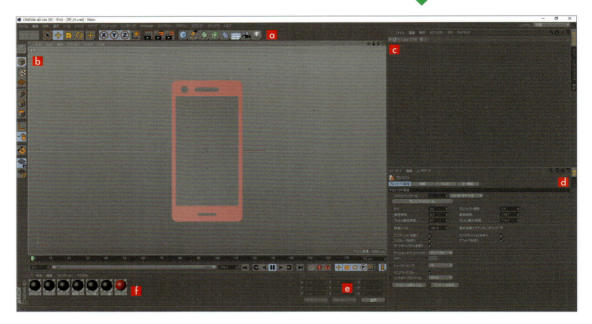

名称	説明
【コマンドパレット】a	編集モードの切り替えやツールの選択を行います。
【ビューポート】b	3Dシーンを作成する作業パネルです。
【オブジェクトマネージャ】c	オブジェクトを管理するパネルです。
【属性マネージャ】d	オブジェクトの詳細を設定するパネルです。
【座標マネージャ】e	オブジェクトの位置・スケール・角度を数値で管理するパネルです。
【マテリアルマネージャ】f	オブジェクトの質感を管理するパネルです。

Section 4-3　3Dスマホの作り方

【オブジェクトマネージャ】に読み込まれたファイル【4-3.aepスマホ】を選択して Enter キーを押すとファイル名が入力できる状態になるので 7 、ファイル名を【スマホ】に書き換えます 8 。
【スマホ】の左にある ➕ をクリックして階層を開くと 9 、先ほど作成したレイヤーが表示されます 10 。
その際に、【AE】カメラレイヤーとヌルオブジェクト【AE.Target】を選択して下部にドラッグし、【スマホ】レイヤーから外します 11 。
【スマホ】の左にある ➖ をクリックして階層を閉じると 12 、上から【スマホ】・【AE】・【AE.Target】と3つのレイヤーが並んだ状態になります 13 。
現在、【AE】の右にある ⬛ の表示は、実際に撮影するカメラの視点となります 14 15 。
⬛ をクリックすると非表示になり、作業画面の視点になります 16 17 。

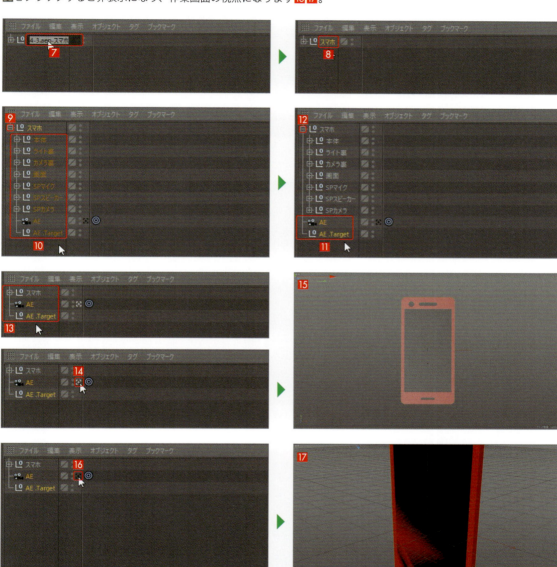

Chapter 4 【応用編】3Dアニメーション

視点変更の操作

【平行移動】
アイコン上をドラッグして、ビューポートの視点を上下左右に移動します。

【前後移動】
アイコン上をドラッグして、ビューポートの視点を前後に移動します。

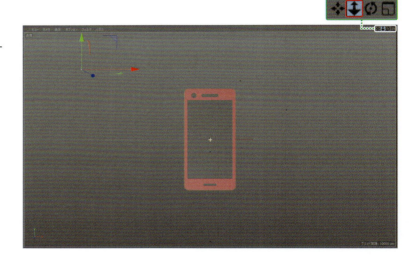

【回転】
アイコン上をドラッグして、ビューポートの視点を回転します。

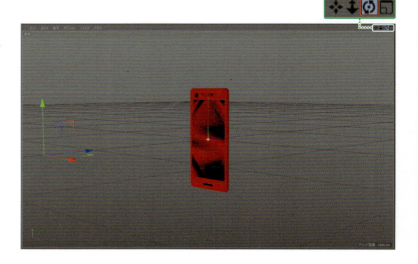

Section 4-3　3Dスマホの作り方

3　角を面取りする

ここから、実際に【スマホ】を3Dモデル化していきます。視点を斜めに変更します。
【スマホ】の左にある+をクリックして階層を開き1、【本体】の左にある+をクリックして階層を開くと2、押し出しオブジェクトの【本体-0】が表示されます3。
【本体-0】を選択すると、画面の右下にある【属性マネージャ】に【本体-0】の設定が表示されるので、【キャップ】タブをクリックします4。
【開始端】を【キャップとフィレット】（または【フィレットキャップ】）に変更すると5 6、面取りされて角が丸くなります7 8。

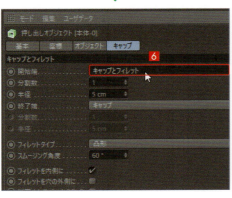 

309

視点を裏面に変更してから同様に、【終了端】を【キャップとフィレット】に変更すると 9 10 、裏面も面取りされて角が丸くなります 11 12 。

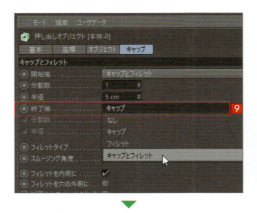
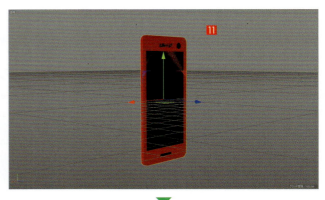

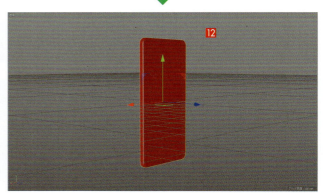

【分割数】の数値をそれぞれ【10】に設定すると 13 、角がなめらかになります 14 。

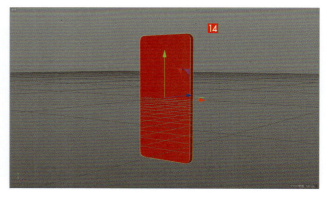

Section 4-3 3Dスマホの作り方

4 厚みを加える

本体に厚みをつけていきます。視点を横にしてから【オブジェクト】タブに切り替えて 1 、【押し出し量】のZ軸を【30】に変更すると 2 、太さが変わります 3 。
これで、基本的な本体の形が完成しました。

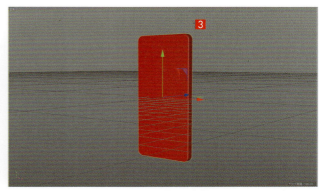

5 パーツを配置する

本体に厚みができたことによって、他のオブジェクトが埋もれてしまったので、他のオブジェクトを外側に移動します。視点を表面に変更してから【画面】を選択して 1 、【座標】タブに切り替えて 2 、【P.Z】の数値を【-6】に設定すると 3 、本体の中から画面が出てきます 4 。
同様に、【SPマイク】 5 6 7 、【SPスピーカー】 8 9 10 、【SPカメラ】 11 12 13 もそれぞれ【座標】タブに切り替えて、【P.Z】の数値を【-6】に設定すると、本体から外側に出します。

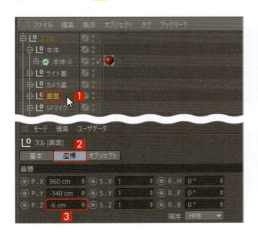

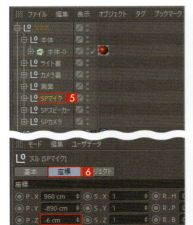

Chapter 4 【応用編】3Dアニメーション

視点を裏面に変更してから裏面も【カメラ裏】を選択して 14、【座標】を選択します 15。
【P.Z】の数値を【16】に設定して 16、本体から外側に出します 17。
同様に【ライト裏】を選択して 18、【座標】を選択します 19。
【P.Z】の数値を【16】に設定して 20、本体から外側に出します 21。これで、スマホの形状の完成です。

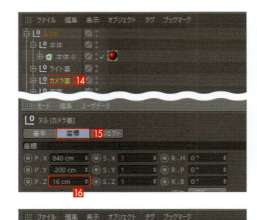

6 色を付ける

視点を表面に変更します。画面の左下にある【マテリアルマネージャ】に【スマホ】オブジェクトの現在のカラーマテリアルが表示されています 1。

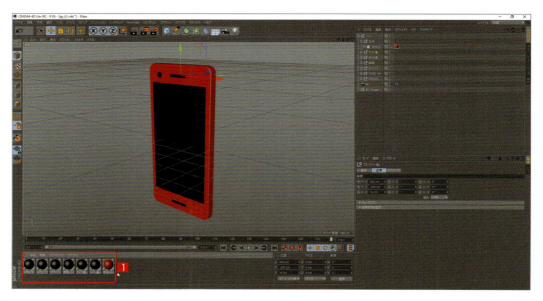

Section 4-3 3Dスマホの作り方

【本体】を選択すると 2 、画面の右下に色の設定パネルが表示されるので 3 、【カラー】→【カラーピッカー】を選択してオフホワイト（H【60】S【2】V【80】）に変更します 4 。
これで、スマホのカラーリングが変更できました。

313

Chapter 4 【応用編】3Dアニメーション

7 画像を貼りつける

【画面】のマテリアルを選択して 1、【テクスチャ】の右側にある ◯ をクリックすると 2、【ファイルを開く】ダイアログボックスが表示されます。
【Screenshot_01.png】を選択して 3、［開く］ボタンをクリックすると 4、画像が読み込まれます 5。

Section 4-3 3Dスマホの作り方

現状のままではサイズが異なるので、大きさを調整します。
【画面】の左にある+をクリックして階層を開くと 6 、先ほど画像を読み込んだ【テクスチャタグ】が表示されます 7 。
【テクスチャタグ】を選択すると 8 、【属性マネージャ】に【タグ】が表示されるので選択して 9 、【サイズ U】を【56】に設定します 10 。
これで、3Dのスマホが完成しました。
【ファイル】メニューの【保存】（ Ctrl + S キー）を選択して上書き保存してから 11 、【After Effects】のプロジェクトに戻ると、CINEMA 4Dで作成したデータがAfter Effectsに反映されます 12 。

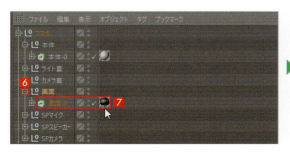
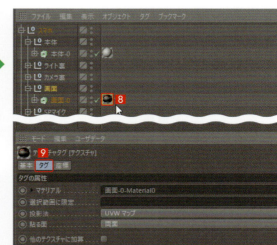

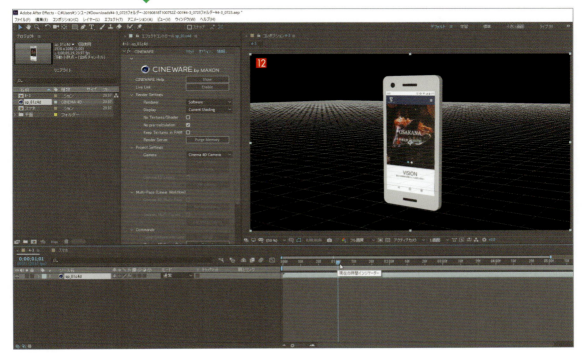

Chapter 4 【応用編】3Dアニメーション

8 アンカーポイントを設定する

Cinema 4D Liteに戻り、アンカーポイントを設定します。
視点を正面に切り替えてから画面左端にある【軸を有効】アイコンをクリックして有効にします 1。
【スマホ】を選択した状態で、【マテリアルマネージャ】の右側にある座標の【位置】の【X】と【Y】の数値にそれぞれ【0】と入力すると 2、【スマホ】の中心にアンカーポイントを設定できます 3。
設定した後に、【軸を有効】アイコンをクリックして無効にします。

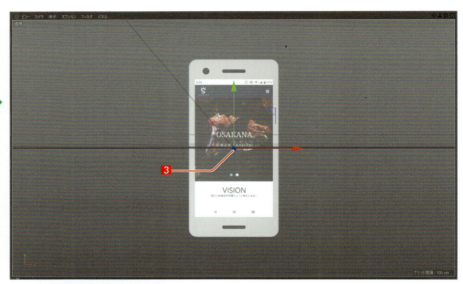

9 ライトを作成する

画面の上部にある【ライト】ツールをクリックして 1、ライトを配置します。
【ライト】を選択した状態で 2、【属性マネージャ】の【座標】タブをクリックします 3。
ここでは、【P.X】の数値を【-3000】 4、【P.Y】を【-5670】 5、【P.Z】を【-8000】 6 とそれぞれ入力します。

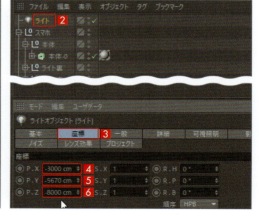

Section 4-3 3Dスマホの作り方

【ファイル】メニューの【保存】（Ctrl+Sキー）を選択して上書き保存してから、【After Effects】のプロジェクトに戻ると、CINEMA 4Dで作成したデータがAfter Effectsに反映されます。

10 背景を作成する

After Effectsに戻り、【レイヤー】メニューの【新規】➡【平面】（Ctrl+Yキー）を選択して 1 、【平面設定】ダイアログボックスの【名前】に【背景01】と入力します 2 。
【カラー】を【#930E0E】に設定すると 3 4 、【タイムライン】パネルに赤色の平面が作成されるので、【sp_01.c4d】レイヤーの下に配置します 5 。

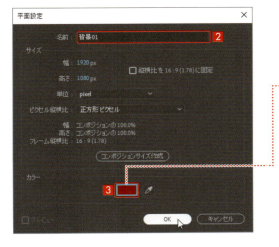

317

【sp_01.c4d】を選択して【エフェクトコントロール】パネルの【CINEWARE】にある【Renderer】を【Standard (Final)】に変更すると 6 、プレビューのグリッドが消えます。

これで、3Dのスマートフォンが完成しました。

Section 4-4 3Dスマホのアニメーション

Section 4-4 3Dスマホのアニメーション

ここでは、After EffectsとCINEMA 4D Liteを連携させて3Dオブジェクトにアニメーションをつけていきます。映像制作の表現が広がるので、ぜひマスターしてください。

01 3Dオブジェクトにアニメーションを設定する

1 スマホが1回転するアニメーション

CINEMA 4Dに戻り【オブジェクトマネージャ】の【AE】カメラを有効にして、視点を正面に切り替えます。
メイン画面の下部にあるタイムラインの【現在の時間インジケーター】を【80】フレームの位置にドラッグします 1 。
【スマホ】を選択した状態で 2 、【選択オブジェクトを記録】をクリックすると 3 、キーフレームが設定されます。

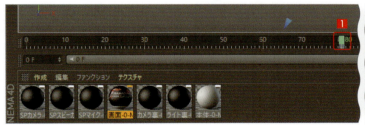

【現在の時間インジケーター】■を【0】フレームの位置にドラッグして 4 、【属性マネージャ】の【座標】 5 の【P.X】の数値を【-1500】 6 、【R.H】の数値を【-360】と入力してから 7 、【選択オブジェクトを記録】をクリックします 8 。

【再生】 9 をクリックして再生します。

これで、画面の外から1回転しながらスマホが出現するアニメーションができました。

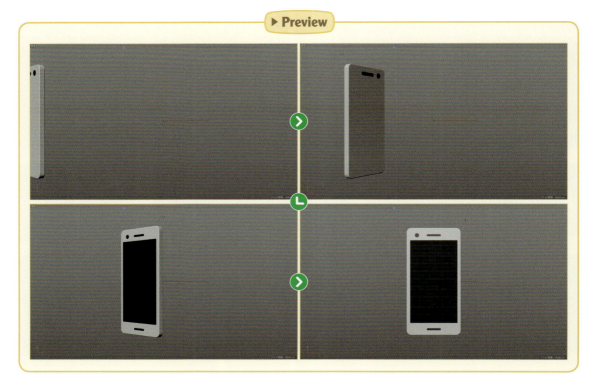

Section 4-4 3Dスマホのアニメーション

【ファイル】メニューの【保存】（Ctrl + S キー）を選択して上書き保存してから After Effects のプロジェクトに戻ると、CINEMA 4D で作成したデータが After Effects 上で反映されます。

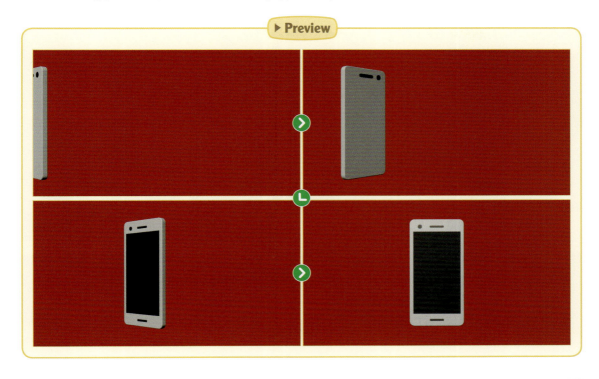

2 影を調整する

CINEMA 4D に戻り、【現在の時間インジケーター】■を【51】フレームの位置にドラッグすると■、スマホが回転した際に裏面が真っ黒になるので■、画面上部にある【ライト】ツールをクリックして■、ライトを追加します。

配置した【ライト.1】を選択して【属性マネージャ】の【座標】4 の【P.X】の数値を【2026】5、【P.Y】を【-1500】6、【P.Z】を【-2000】7 とそれぞれ入力します。

ただし、このままでは光が強すぎるので、【一般】をクリックしてから 8、【強度】の数値を【50】と入力します 9。

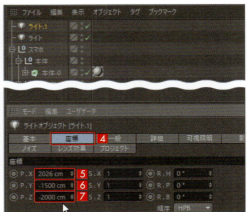
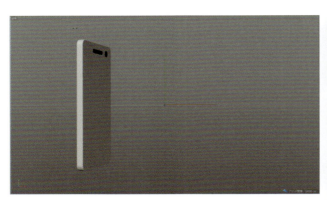
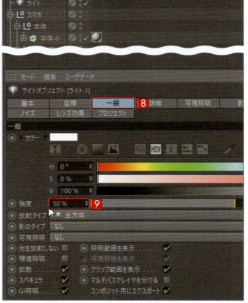

Section 4-4　3Dスマホのアニメーション

3 画面の光沢感を調整する

画面が反射しすぎているので、光沢感を調整します。
【マテリアルマネージャ】の**【画面】**マテリアルをダブルクリックすると、**【マテリアル編集】**ダイアログボックスが表示されます**1**。
【反射】をクリックして**2**、**【全てのスペキュラの明るさ】**の数値を**【20】3**とすると、反射が弱くなり画面がくっきりします。

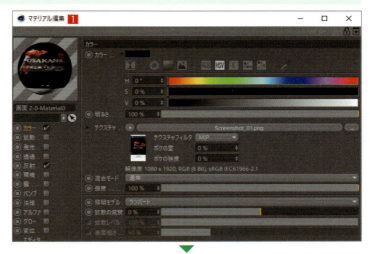

これで、スマホの3Dアニメーション設定が完了しました。

▶ Preview

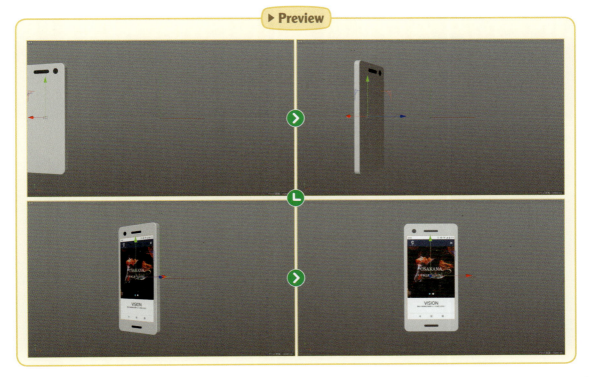

【ファイル】メニューの【保存】（Ctrl+Sキー）を選択して、上書き保存をしてから【After Effects】のプロジェクトに戻ると、CINEMA 4Dで作成したデータがAfter Effects上で反映されます 4 。

02 After Effectsで文字アニメーションを合成する

1 テキストを作成する

【テキストツール】■を選択して、【コンポジション】パネルのプレビューをクリックすると文字が入力できる状態になるので、そのまま「CINEMA 4D LITE」と入力します（フォント【Montserrat Bold 250px】）1 。
【アンカーポイントツール】■に切り替えて、アンカーポイントをCtrlキーを押しながらドラッグして文字の中心に配置します 2 。
【選択ツール】■に切り替えてから【CINEMA 4D LITE】レイヤーを開き 3 、【トランスフォーム】タブの【位置】の数値を【400, 540】 4 、【スケール】の数値を【24】 5 とそれぞれ入力します。

文字のパラメーター
フォント　Montserrat Bold
大きさ　　250px

Section 4-4 3Dスマホのアニメーション

2 マスキングアニメーション

「CINEMA 4D LITE」を選択した状態で 1 、【長方形ツール】■を選択し 2 、画面上を対角線にドラッグして文字を囲みます 3 。
【選択ツール】▶に切り替えてから【CINEMA 4D LITE】レイヤーを開くと【マスク1】が作成されているので 4 、【反転】のチェックボックスをオンにします 5 。【現在の時間インジケーター】■を1秒15フレーム【0;00;01;15】に移動してから 6 、【マスク1】タブを開き 7 、【マスクパス】の左にある【ストップウォッチ】■をクリックして 8 、キーフレームを設定します 9 。
カメラの動きに併せて文字が出現するアニメーションを作成するので、図のようにマスクパスを設定していきます。

※「CINEMA 4D LITE」を選択した状態で画面のマスクをダブルクリックすると、
　マスクの大きさがドラッグで調整できるようになります。

325

Chapter 4 【応用編】3Dアニメーション

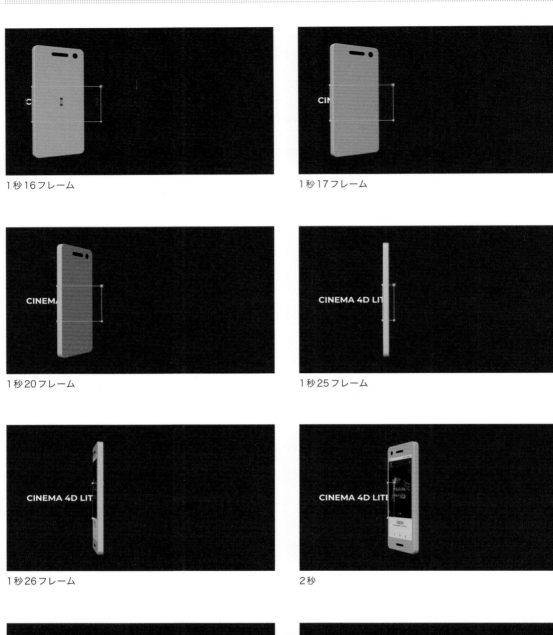

1秒16フレーム　　　　　　　　　　　　　　　　1秒17フレーム

1秒20フレーム　　　　　　　　　　　　　　　　1秒25フレーム

1秒26フレーム　　　　　　　　　　　　　　　　2秒

2秒4フレーム

2秒5フレーム

　　これで、CINEMA 4D Liteを使った3Dアニメーションが完成しました。

Chapter

5

【上級編】
エフェクトアニメーション

最後に様々なエフェクトを組み合わせたモーショングラフィックスを紹介します。文字や図形の動きにエフェクトを組み合わせることで、さらに表現の幅が広がります。

Chapter 5 【上級編】エフェクトアニメーション

Section 5-1 煙タイトルの作り方

ここでは、エフェクトを使用して、テキストを煙化させるアニメーションの作り方を解説します。

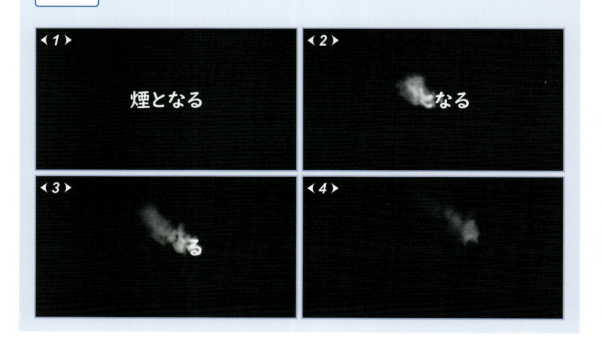

01 コンポジションを作成する

1 コンポジションを作成する

【コンポジション】パネルの【新規コンポジション】（Ctrl+Nキー）を選択して **1**、【コンポジション設定】ダイアログボックスの【基本】タブにある【コンポジション名】に【5-1】と入力します **2**。
【プリセット】から【HDTV 1080 29.97】を選択して **3**、【デュレーション】に6秒【0;00;06;00】と入力します **4**。

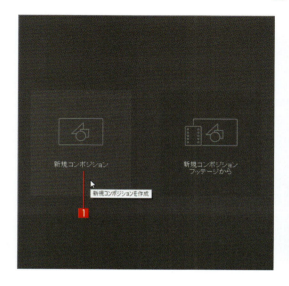

Section 5-1 煙タイトルの作り方

【3Dレンダラー】タブをクリックして 5 、【レンダラー】を【クラシック3D】に設定し 6 、[OK] ボタンをクリックします 7 。

2 背景を作成する

【レイヤー】メニューの【新規】→【平面】（ Ctrl + Y キー）を選択して 1 、【平面設定】ダイアログボックスの【名前】に【背景】と入力し 2 、【カラー】を【#13222D】に設定すると 3 、【タイムライン】パネルに濃いグレーの平面が配置されます 4 。

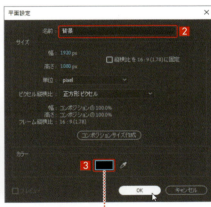

329

02 テキストを作成する

【テキストツール】■を選択して【コンポジション】パネル上をクリックすると、画面上にカーソルが点滅して文字を入力できる状態になるので■、「煙となる」と入力します■。

文字のパラメーター
フォント　UDデジタル教科書体 Mk-B
　　　　　（Adobe Fontsには未収録なので、お持ちでない
　　　　　方は他のフォントを適宜ご使用ください）
大きさ　　150px
カラー　　#FFFFFF

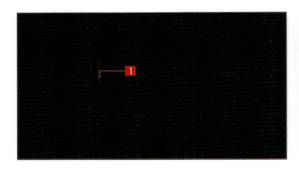

次に【アンカーポイントツール】■に切り替えて■、Ctrlキーを押しながらアンカーポイントを文字の中心に配置します■。
さらに【選択ツール】■に切り替えて■、【煙となる】のテキストレイヤーを選択します■。
【整列】パネルの【水平方向に整列】■■と【垂直方向に整列】■■を順にクリックして、テキストレイヤーを画面中央に配置します■。

03 煙のアニメーションを作成する

1 パーティクルの形と色を設定する

【煙となる】レイヤーを選択した状態で【編集】メニューから【複製】（Ctrl＋Dキー）を選択して、レイヤーを複製します 1。
複製された【煙となる 2】レイヤーの右にある【モード】をクリックして 2、【スクリーン】を選択します 3 4。

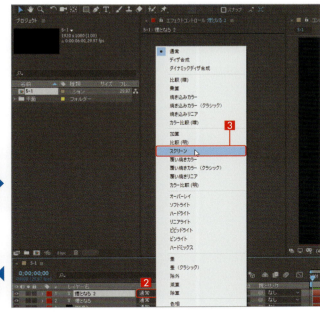

【煙となる 2】レイヤーを選択した状態で 5、【エフェクト】メニューの【シミュレーション】→【CC Particle Systems II】を選択します 6。

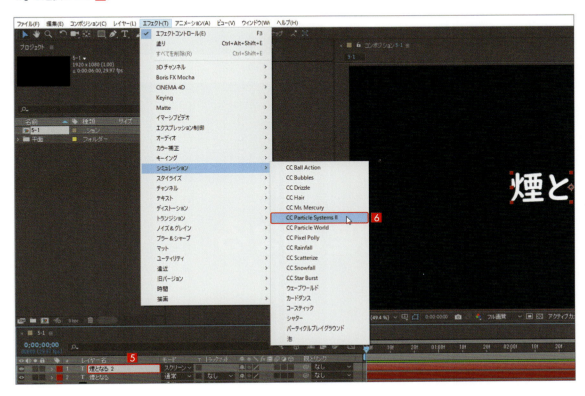

【Particle】タブを開いて **7** 、【Max Opacity】を【100】 **8** 、【Birth Color】を【#FFFFFF】 **9** 、【Death Color】を【#000000】 **10** 、【Source Alpha Inheritance】にチェックを入れます **11** 。
これで、線状のパーティクルが白色で出現して、消えるときに黒色に変わるようになりました **12** 。

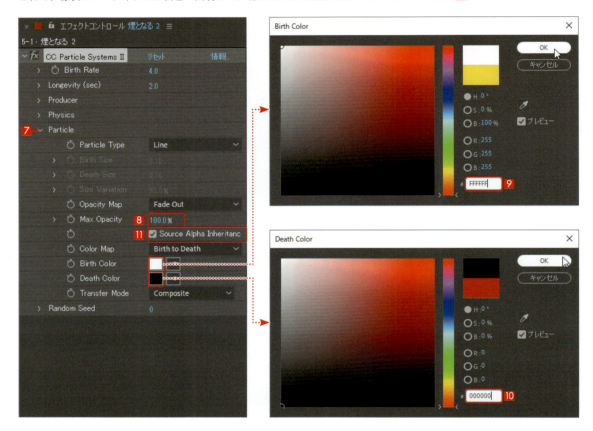

Section 5-1 煙タイトルの作り方

2 パーティクルが出現する放出口の形を設定する

このままではパーティクルアニメーションの表示範囲がテキストの大きさにしか反映されないので、【煙となる 2】レイヤーを選択した状態で 1、【エフェクト】メニューの【チャンネル】→【CC Composite】を選択します 2。
【エフェクトコントロール】ウィンドウの【CC Particle Systems II】の上に【CC Composite】をドラッグして配置すると 3、パーティクルの表示範囲が画面全体に拡大されます 4。
【CC Particle Systems II】の【Producer】タブを開き 5、【Radius X】を【0】6、【Radius Y】を【20】7 に設定します。【現在の時間インジケーター】を 0 秒【0;00;00;00】に移動して 8、【Position】の数値をクリックして【0, 537】と入力します 9。

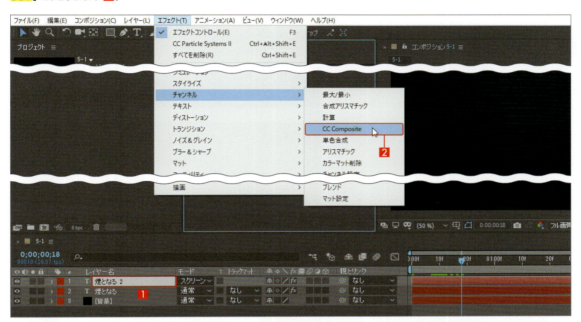

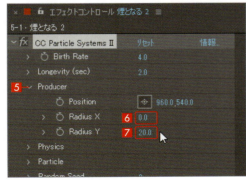

333

【Position】の左にある【ストップウォッチ】をクリックして10、キーフレームを設定します11。
【現在の時間インジケーター】を4秒29フレーム【0;00;04;29】に移動して12、【Position】の数値をクリックして【1920, 537】と入力すると13、パーティクルが左から右へ移動して文字の部分だけ放出されるアニメーションができました。

▶ Preview

Section 5-1 煙タイトルの作り方

3 物理演算の動きを設定する

【Physics】タブを開き❶、【Animation】を【Direction Normalized】に設定します❷。
【Resistance】の数値に【50】と入力してから❸、【Resistance】の左にある【ストップウォッチ】を Alt キーを押しながらクリックして❹、タイムラインを展開します。
【effect("CC Particle Systems II) (13)】と表示されている箇所を❺、【wiggle(50,5)】と書き換えます❻。

【Direction】の左にある【ストップウォッチ】を Alt キーを押しながらクリックして❼、タイムラインを展開します。
【effect("CC Particle Systems II) (14)】と表示されている箇所を❽、【time*100)】と書き換えます❾。

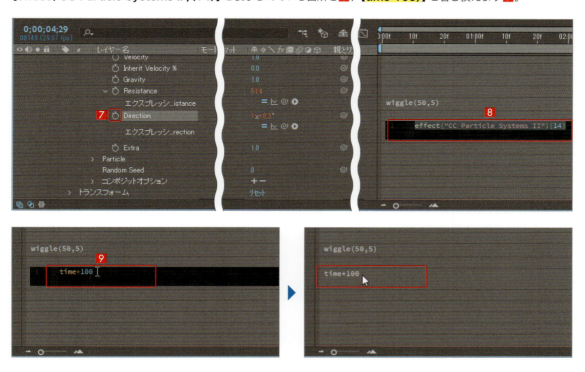

【Velocity】を【0.1】10、【Inherit Velocity】を【20】11、【Gravity】を【-0.8】12、【Extra】を【1.0】13に設定すると、パーティクルが上昇するようになりました。

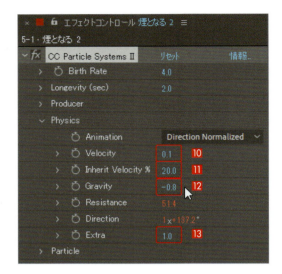

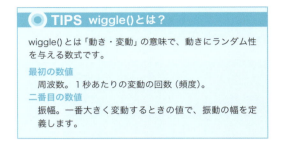

TIPS wiggle()とは？

wiggle()とは「動き・変動」の意味で、動きにランダム性を与える数式です。

最初の数値
　周波数。1秒あたりの変動の回数（頻度）。

二番目の数値
　振幅。一番大きく変動するときの値で、振動の幅を定義します。

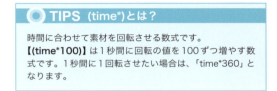

TIPS (time*)とは？

時間に合わせて素材を回転させる数式です。
【(time*100)】は1秒間に回転の値を100ずつ増やす数式です。1秒間に1回転させたい場合は、「time*360」となります。

▶ Preview

4 パーティクルが消えるまでの長さを設定する

【Birth Rate】を【20】1、【Longevity(sec)】を【1】2に設定すると、パーティクルの寿命が1秒となります3。

5 煙の質感に寄せていく

【**煙となる 2**】レイヤーを選択した状態で 1、【**エフェクト**】メニューの【**ブラー＆シャープ**】➡【**ブラー（ガウス）**】を選択します 2。

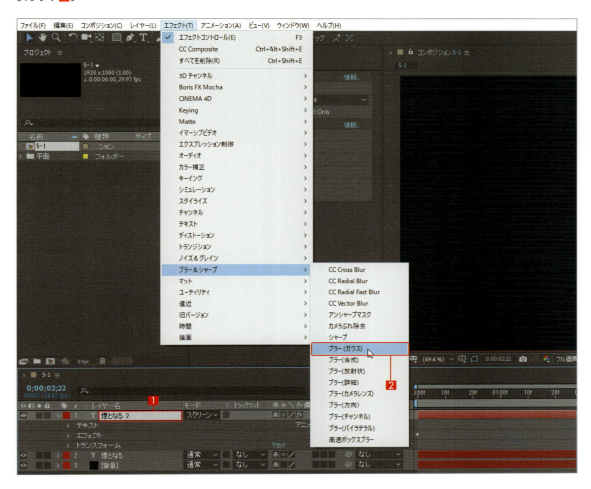

【**ブラー**】を【**20**】に設定すると 3、ボケ感が追加されて見た目がより煙の質感に近づきました 4。

6 煙の揺らぎを追加する

【煙となる 2】レイヤーを選択した状態で 1、【エフェクト】メニューの【ディストーション】→【タービュレントディスプレイス】を選択します 2。

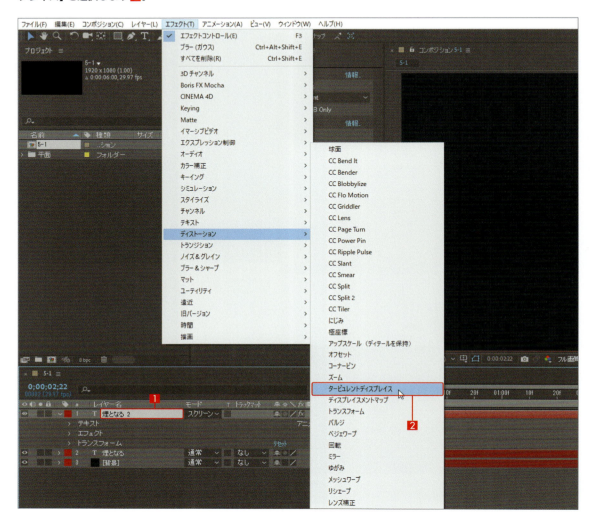

【量】を【66】3、【サイズ】を【20】4、【オフセット】を【960, 540】5、【展開】を【1×12.0】6 にそれぞれ設定すると、煙が揺らぎながら上昇していくアニメーションが完成しました 7。

Section 5-1 煙タイトルの作り方

7 煙の質感に厚みを持たせる

【煙となる 2】レイヤーを選択して、【編集】メニューから【複製】(Ctrl + Dキー) を選択して【煙となる 2】レイヤーを複製します 1 。

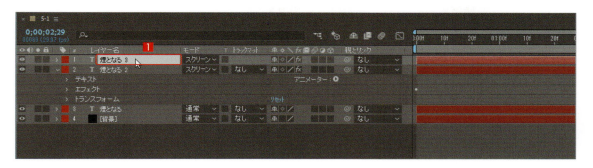

複製された【煙となる 3】レイヤーを選択して、【エフェクトコントロール】パネルにある【CC Particle Systems II】のパラメーターを設定します。
【Particle】タブを開き、【Max Opacity】を【50】に変更します 2 。
次に【Producer】タブを開き、【Radius X】の数値を【5】に変更します 3 。

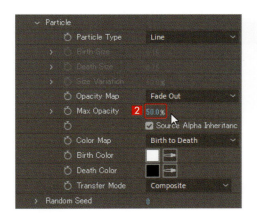

さらに【Physics】タブを開き 4 、【Velocity】の左にある【ストップウォッチ】 を Alt キーを押しながらクリックして 5 、タイムラインを展開します。

【effect("CC Particle Systems Ⅱ)(10)】と表示されている箇所を、【wiggle(10,0.2)】 6 と書き換えます。

次に【Inhert Velocity】を【100】 7 、【Gravity】を【-1】 8 に設定します。
さらに【Longevity(sec)】を【2】 9 に設定します。

【タービュレントディスプレイス】の【サイズ】の数値を【30】に変更すると 10 、違う煙が重なり厚みが増えました 11 。

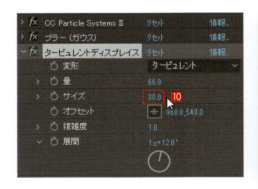

04 テキストと煙のアニメーションを合成する

【煙となる】レイヤーを選択した状態で❶、【エフェクト】メニューの【トランジション】➡【リニアワイプ】を選択します❷。

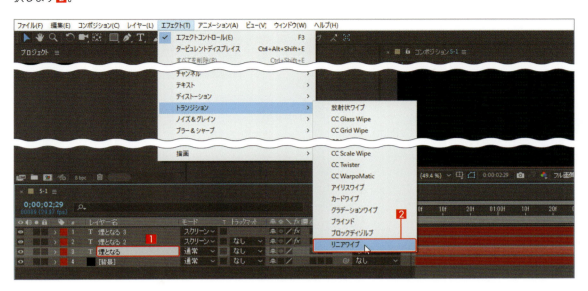

【現在の時間インジケーター】を0秒【0;00;00;00】に移動して❸、【エフェクトコントロール】パネルの【変換終了】の数値を【0】と入力します❹。
【変換終了】の左にある【ストップウォッチ】をクリックして❺、キーフレームを設定します❻。

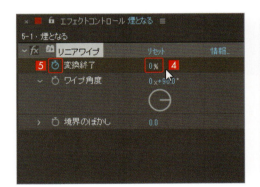

【現在の時間インジケーター】を5秒7フレーム【0;00;05;07】に移動して❼、【変換終了】の数値を【100】と入力します❽。

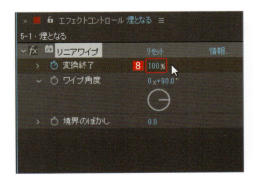
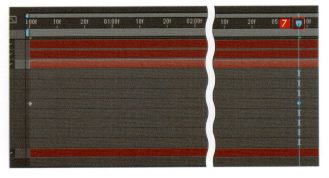

【境界のぼかし】に【50】と入力すると 、テキストが煙になって消えていくアニメーションの完成です。
文字が消えるタイミングが煙と微妙に合わないときは、【変換終了】のキーフレームの時間【0;00;05;07】を前後に移動してタイミングを調整します。

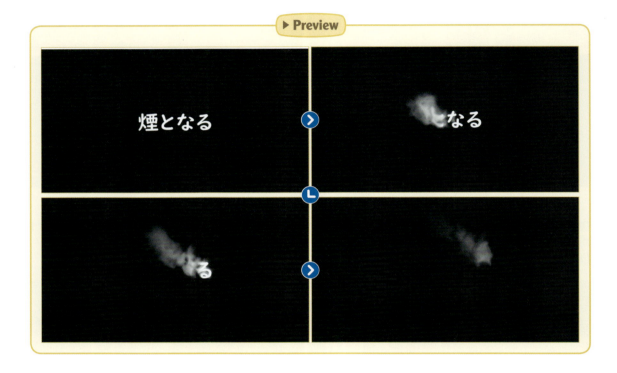

Section 5-2 パララックス動画

Section 5-2 パララックス動画

ここでは、視差効果をつけたパララックス動画の作り方を解説します。

01 画像用のコンポジションを作成する

1 コンポジションを作成する

【コンポジション】パネルの【新規コンポジション】（Ctrl + N キー）を選択します❶。
【コンポジション設定】ダイアログボックスの【基本】タブにある【コンポジション名】に【画像】と入力します❷。
【幅】と【高さ】をそれぞれ【1920】❸、【デュレーション】に8秒10フレーム【0;00;08;10】と入力します❹。

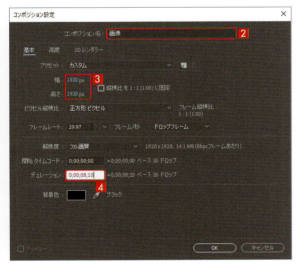

Chapter 5 【上級編】エフェクトアニメーション

【3Dレンダラー】タブをクリックして 5 、【レンダラー】を【クラシック3D】に設定し 6 、[OK]ボタンをクリックします 7 。

これで、正方形のコンポジションが作成されました。

2 背景を作成する

【レイヤー】メニューの【新規】➡【平面】（Ctrl + Y キー）を選択して 1 、【平面設定】ダイアログボックスの【名前】に【背景】と入力し 2 、【カラー】を【#A11515】に設定すると 3 4 、【タイムライン】パネルに赤色の平面が配置されます 5 。

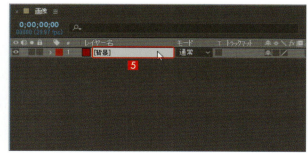

344

3 テキストを作成する

【テキストツール】■を選択して❶、【コンポジション】パネルのプレビューをクリックすると、画面上にカーソルが点滅して文字を入力できる状態となるので❷、そのまま「模様と視差」と入力します❸。

【アンカーポイントツール】■を選択して❹、Ctrl キーを押しながらドラッグしてアンカーポイントを文字の中心に配置します❺。
【選択ツール】■に切り替えて❻、「模様と視差」を選択します❼。【整列】パネルの【水平方向に整列】■をクリックして❽、テキストを画面水平中央に配置します❽。

【トランスフォーム】タブを開いて❾、【位置】の数値に【960, 1010】と入力して少し下に配置します❿。

【テキストツール】■を選択して 11、【コンポジション】パネルのプレビューをクリックすると、画面上にカーソルが点滅して文字を入力できる状態となるので 12、そのまま「Kaleida & Parallax」と入力します 13。

【アンカーポイントツール】■を選択して 14、Ctrl キーを押しながらドラッグしてアンカーポイントを文字の中心に配置します 15。【選択ツール】■に切り替えて「Kaleida & Parallax」を選択し 16、【整列】パネルの【水平方向に整列】■をクリックして 17、テキストを画面水平中央に配置します 18。
【トランスフォーム】タブを開いて 19、【位置】の数値に【960, 790】と入力します 20。

これで文字のレイアウトができました 21。

02 アニメーション用のコンポジションを作成する

1 コンポジションを作成する

【コンポジション】メニューの【新規コンポジション】(Ctrl + Nキー)を選択します❶。【コンポジション設定】ダイアログボックスの【基本】タブにある【コンポジション名】に【5-2】と入力します❷。【プリセット】から【HDTV 1080 29.97】を選択し❸、【デュレーション】に8秒【0;00;08;00】と入力します❹。

【3Dレンダラー】タブをクリックして❺、【レンダラー】を【クラシック3D】に設定し❻、[OK]ボタンをクリックします❼。

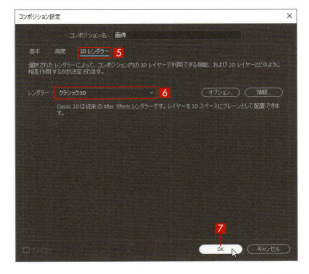

2 カメラを作成する

【プロジェクト】パネルから【画像】コンポジションをドラッグして❶、【タイムライン】パネルに配置します❷。
【画像】レイヤーの右にある【3Dレイヤー】アイコンをクリックして、【5-2】の3Dレイヤーにします❸。

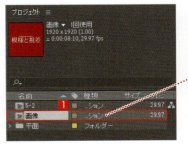 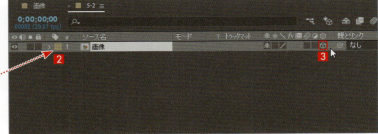

Chapter 5 【上級編】エフェクトアニメーション

【タイムライン】パネルの何もない場所をクリックして、【画像】レイヤーの選択を解除します。
【レイヤー】メニューの【新規】➡【カメラ】（ Ctrl + Alt + Shift + C キー）を選択すると 4、【カメラ設定】ダイアログボックスが表示されるので、そのまま【OK】ボタンをクリックします 5。これで、カメラが配置できました。

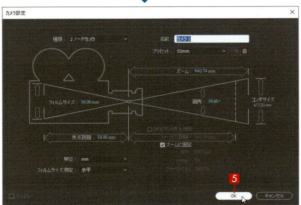

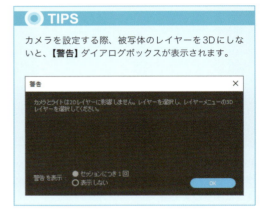

3 フォーカスを設定する

【カメラ1】レイヤーを開いて、【カメラオプション】タブを開きます 1。
【被写界深度】をオンにして 2、【フォーカス距離】の数値を【2200】 3、【絞り】の数値を【200】 4 と入力します。
これで、実際にカメラで撮影した時の距離感によるボケの効果が得られます。

Section 5-2 パララックス動画

4 カメラの動きを作成する

【現在の時間インジケーター】を0秒【0;00;00;00】に移動して❶、【カメラ1】レイヤーを開きます❷。
【トランスフォーム】タブを開いて❸、【位置】の数値を【960, 540, -4000】と入力します❹。
【位置】の左にある【ストップウォッチ】をクリックして❺、キーフレームを設定します❻。
【現在の時間インジケーター】を7秒29フレーム【0;00;07;29】に移動して❼、【位置】の数値を【960, 540, -2200】と入力し❽、 F9 キーを押してイージーイーズを適用します❾。
さきほど設定した【フォーカス距離】の【2200】と現在のカメラの位置【-2200】でカメラと被写体の距離が「2200」となるこの位置関係で、フォーカスが合う形となります。

03 画像の効果を作成する

1 画像を単色に塗る

次に、「ずらし」効果のアニメーションを設定します。
【画像】レイヤーを選択して【編集】メニューの【複製】
（ Ctrl + D キー）を選択し、【画像】レイヤーを複製します❶。複製された【画像】レイヤーの左にある【ラベル】を選択して❷❸、【ブラウン】に変更します❹。

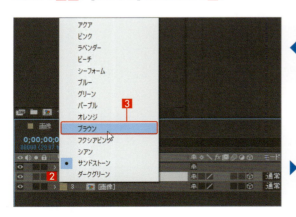

349

Chapter 5 【上級編】エフェクトアニメーション

【画像】レイヤーを選択して、【エフェクト】メニューの【描画】→【塗り】を適用します 5 。
【ブラウン】の【カラー】の横にあるカラーパネルをクリックして 6 、【#DADADA】と入力すると 7 、画像が灰色に塗られます 8 。

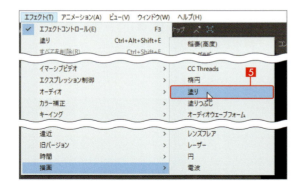

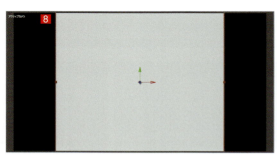

2 画像をダイヤ型にマスクする

次に、【画像】レイヤーをダイヤ型にマスクします。
【コンポジション】パネルの下部にある【グリッドとガイドのオプションを選択】アイコン をクリックして 1 、【定規】を選択すると 2 、【コンポジション】パネルのプレビューの上側と左側に定規が表示されます 3 。

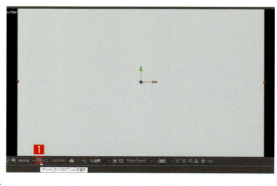

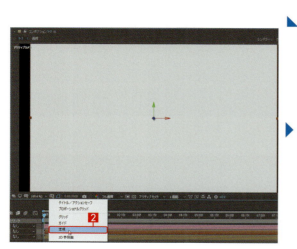

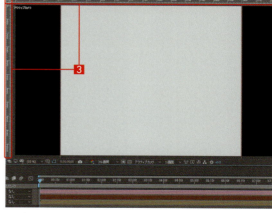

350

【プロポーショナルグリッド】を選択すると 4、【コンポジション】パネル全体に緑の縦線と横線が追加されます 5。

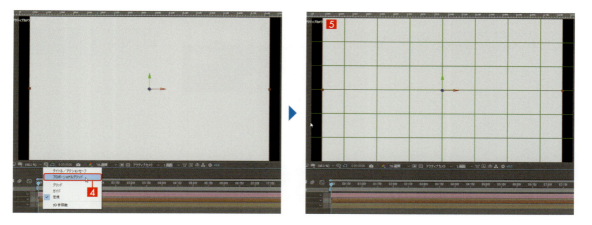

ここから、685 × 685pxのダイヤを作るために目印をつけていきます。
画面上部にある目盛りにマウスポインターを移動して 6、下に向かってドラッグすると 7、青い横線が引けました。

青い線を右クリックして【位置を編集】をクリックすると 8、【値を編集】ダイアログボックスが表示されます。
ここでは【ガイド位置】に【195】と入力し 9、[OK]ボタンをクリックすると 10、上から【195】pxの位置に青い横線を引くことができました。

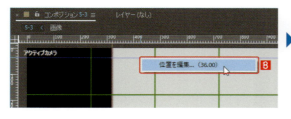

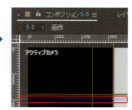

同様に、定規から青い線をドラッグして、右クリックして【位置を編集】を選択します 11。
【ガイド位置】に【880】と入力し 12、[OK]ボタンをクリックします 13。

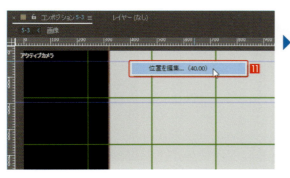

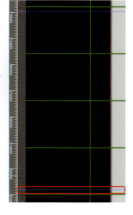

続けて、左側の定規から青い縦線をドラッグし、右クリックして【位置を編集】を選択します[14]。
【ガイド位置】に【615】と入力し[15]、[OK] ボタンをクリックします[16]。

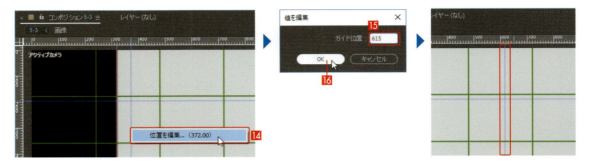

さらに左側の定規から青い縦線をドラッグし、右クリックして【位置を編集】を選択します[17]。
【ガイド位置】に【1300】と入力し[18]、[OK] ボタンをクリックします[19]。

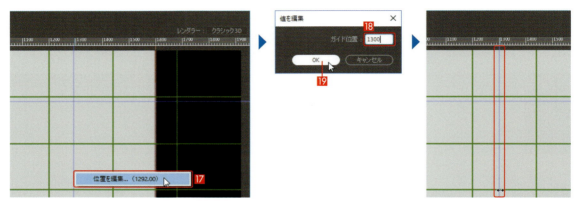

これで、目印が完成しました[20]。

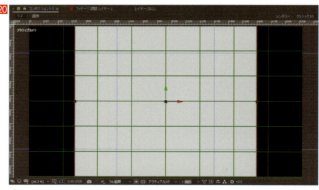

青い線と緑の線が交わっている箇所に点を打っていきますが、青い線の上には点を打つことができないので、【ビュー】メニューの【ガイドをロック】（Ctrl + Alt + Shift + ; キー）を選択します[21]。
ガイドをロックすることにより、青い線状に点が打てるようになります。

複製した【ブラウン】の【画像】レイヤーを選択した状態で22、【ペンツール】に切り替えて23、【コンポジション】パネル上にある青い横線と中心にある緑の縦線が交わる箇所をクリックすると点が打たれます24。

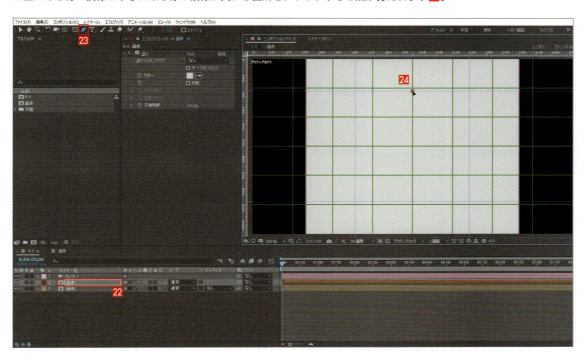

左にある青い縦線と中心にある緑の横線が交わる箇所25、次に下にある青い横線と中心にある緑の縦線が交わる箇所26、さらに右にある青い縦線と中心にある緑の横線が交わる箇所27の位置に順番に点を打っていきます。
最後に、最初に打った点【960, 60】をクリックすると28、点と点が結ばれてダイヤ型にマスクされました29。

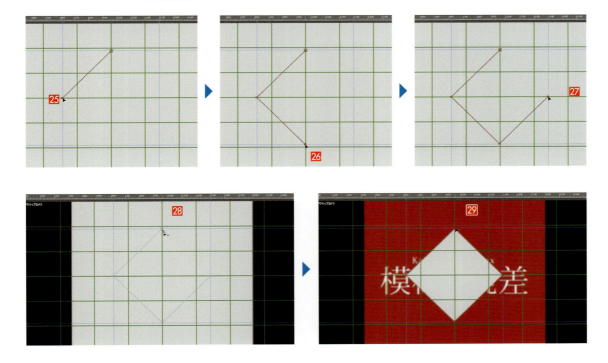

Chapter 5 【上級編】エフェクトアニメーション

マスキングが終わったら、【コンポジション】パネルのプレビューの下部にある【グリッドとガイドのオプションを選択】アイコン🔳をクリックして30、【プロポーショナルグリッド】31、【ガイド】32、【定規】33の表示を解除します。

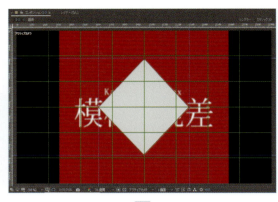

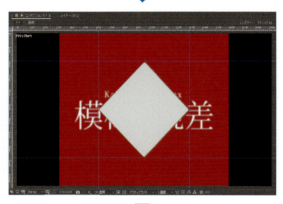

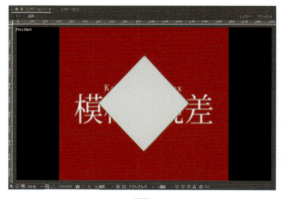

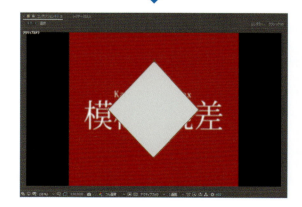

これで、レイヤーの中にマスクが作成されました。【選択ツール】に切り替えて【画像】レイヤーにある【マスク】タブを開き34、【マスク1】の右にある【反転】をオンにすると35、マスクが反転します36。
【トランスフォーム】タブを開き37、【不透明度】の数値を【50】と入力すると38、マスクの不透明度を設定できます39。

3 奥行きを表現する

【ブラウン】の【画像】レイヤーを選択して①、【エフェクト】メニューの【遠近】→【ドロップシャドウ】を適用します②。

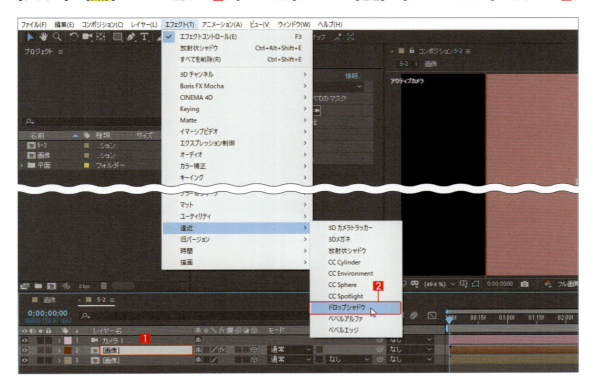

【エフェクトコントロール】パネルの【ドロップシャドウ】レイヤーの【不透明度】の数値を【100】3、【方向】の数値を【200】4、【距離】の数値を【50】5、【柔らかさ】の数値を【250】6に設定すると、マスクに奥行きができました7。【トランスフォーム】タブを開き8、【位置】の数値を【960, 540, -1100】9と入力します。

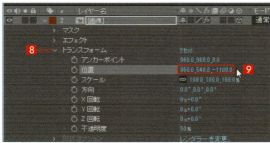

次に【ブラウン】の【画像】レイヤーを選択して、【編集】メニューの【複製】（Ctrl + Dキー）で複製します。
複製された【画像】レイヤーを選択して10、【エフェクトコントロール】パネルの【塗り】11と【ドロップシャドウ】12を選択し、Deleteキーで削除します13。

【トランスフォーム】タブを開いて14、【不透明度】の数値を【100】と入力します15。
【マスク】にある【マスク1】タブを開いて16、【マスクの拡張】に【5】と入力すると17、マスクに白い縁ができました18。

【ブラウン】のラベルがついた【画像】を2つ選択し19、【編集】メニューの【複製】（Ctrl＋Dキー）を選択して【画像】レイヤーを複製します20。
複製された【画像】の左にある【ラベル】を選択して【シアン】に変更し21、【ブラウン】のラベルがついた【画像】レイヤーの上にドラッグして配置します22。
複製された2つの【シアン】の【画像】レイヤーにある【トランスフォーム】タブを開き23、【位置】の数値を【960, 540, -1900】と入力します24。

Chapter 5 【上級編】エフェクトアニメーション

【タイムライン】パネルの何もない場所をクリックして、【画像】レイヤーの選択を解除します。
さらに【シアン】のラベルがついた【画像】レイヤーを2つ選択し25、【編集】メニューの【複製】（Ctrl＋Dキー）を選択して【画像】レイヤーを複製します。
複製された【画像】レイヤーの左にある【ラベル】を選択して【ダークグリーン】に変更し、【シアン】のラベルがついた【画像】の上にドラッグして配置します26。
複製された2つの【ダークグリーン】の【画像】レイヤーの【トランスフォーム】タブを開き27、【位置】の数値を【960, 540, -2400】と入力すると28、同じ画像を数枚重ねて奥行きのある配置になりました29。

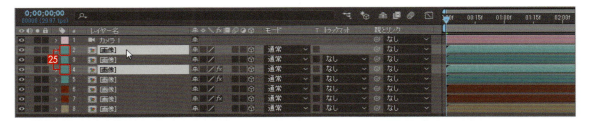

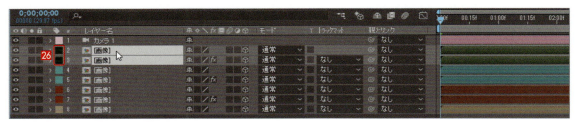

04 光を作成する

1 カメラに光の「揺らぎ」効果を作る

【レイヤー】メニューの【新規】➡【調整レイヤー】（Ctrl＋Alt＋Yキー）を選択すると1、【タイムライン】パネルに【調整レイヤー1】レイヤーが配置されます。

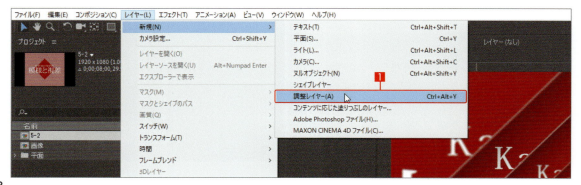

358

【調整レイヤー1】レイヤーを選択して Enter キーを押し、【レイヤー名】を【揺らぎ】に変更します❷。
【揺らぎ】を選択して❸、【エフェクト】メニューの【ノイズ&グレイン】➡【フラクタルノイズ】を選択すると❹、エフェクトが適用されます。

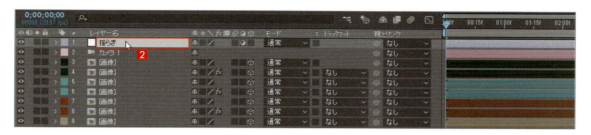

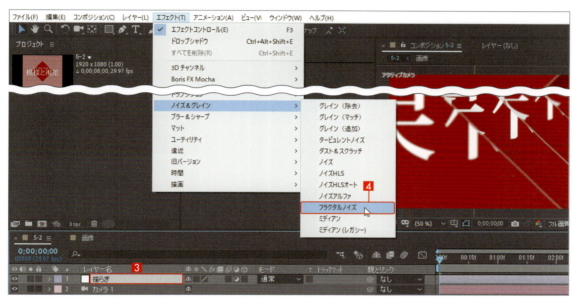

❷ フラクタルノイズの設定

【フラクタルの種類】を【ダイナミック（プログレッシブ）】❶、【ノイズの種類】を【スプライン】❷、【コントラスト】を【280】❸、【明るさ】を【-80】❹に設定します。
【トランスフォーム】タブを開いて❺、【スケール】を【1000】❻、【複雑度】を【1】❼に設定します。

【展開】の左にある【ストップウォッチ】 を Alt キーを押しながらクリックすると 8、【タイムライン】パネルでレイヤーが展開されて、エクスプレッションが入力できる状態になります 9。

ここでは、【time*150】と入力します 10。これは、1秒間に回転の値を150ずつ増やすというエクスプレッションです。

【展開のオプション】タブを開いて 11、【ランダムシード】の数値を【27】 12 と入力してランダム具合を調整します。

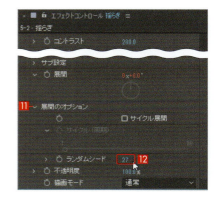

【揺らぎ】レイヤーの【トランスフォーム】タブを開いて 13、【不透明度】の数値を【50】と入力します 14。設定が終わったら、【描画モード】を【スクリーン】に設定します 15 16 17。

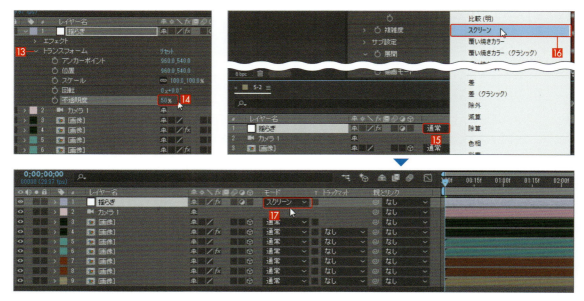

Section 5-2 パララックス動画

次に【揺らぎ】を選択して[18]、【エフェクト】メニューの【ブラー＆シャープ】→【高速ボックスブラー】を適用します[19]。【エフェクトコントロール】パネルで【高速ボックスブラー】の【半径】を【70】[20]、【エッジピクセルを繰り返す】をオンにします[21]。

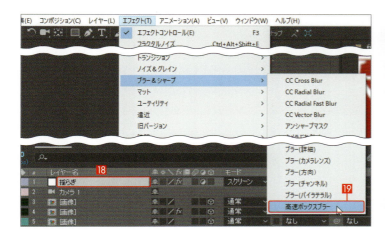
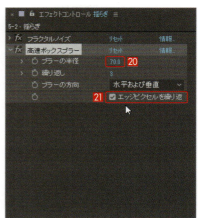

さらに【揺らぎ】を選択して[22]、【エフェクト】メニューの【チャンネル】→【単色合成】を適用します[23]。【エフェクトコントロール】パネルで【単色合成】の【カラー】を【#FF4200】[24][25]、【描画モード】を【ハードライト】[26]に設定すると、光の色が赤くなりました[27]。

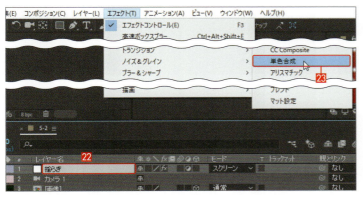
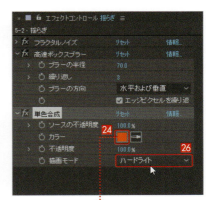

● TIPS 【単色合成】エフェクトとは？

エフェクト内でレイヤーイメージに対してベタの単色平面を合成できます。
レイヤー上で平面を使用する手法と同じ効果があります。

361

Chapter 5 【上級編】エフェクトアニメーション

これで、カメラに光が揺らいでいる効果が追加されました。

▶ Preview

05 万華鏡効果の作成

1 効果用のレイヤーを追加する

【画像】コンポジションのタブをクリックして【画像】コンポジションに戻り❶、万華鏡の効果を追加します。
【レイヤー】メニューの【新規】➡【平面】（Ctrl + Y キー）を選択して❷、【平面設定】ダイアログボックスの【名前】に【ノイズ】と入力します❸。
【カラー】を【#000000】に設定すると❹❺、【タイムライン】パネルに黒色の平面が配置されます❻。

【**ノイズ**】レイヤーを選択して 7 、【**エフェクト**】メニューの【**ノイズ＆グレイン**】➡【**フラクタルノイズ**】を選択すると 8 、エフェクトが適用されます。

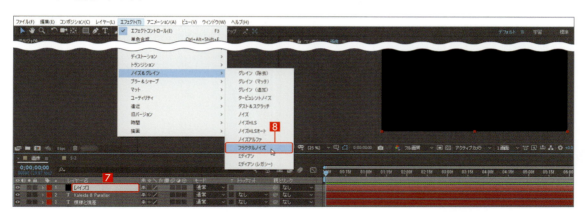

2 フラクタルノイズを設定する

【**展開**】の左にある【**ストップウォッチ**】 を Alt キーを押しながらクリックすると 1 、【**タイムライン**】パネルでレイヤーが展開されて、エクスプレッションが入力できる状態になります 2 。
ここでは、【**time*100**】と入力します 3 。これは、1秒間に回転の値を100ずつ増やすエクスプレッションです 4 。

Chapter 5 【上級編】エフェクトアニメーション

【ノイズ】レイヤーの【トランスフォーム】タブを開いて 5 、【不透明度】の数値を【50】と入力します 6 。
すべての設定が終わったら、【描画モード】を【オーバーレイ】に変更します 7 。
【ノイズ】レイヤーを選択して【背景】の上にドラッグして配置すると 8 、平面だった背景に模様感が出ました 9 。

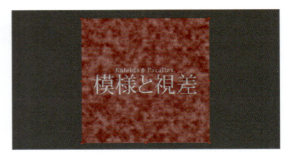

【タイムライン】パネルの何もない場所をクリックして、
【ノイズ】レイヤーの選択を解除します。
Ctrl キーを押しながら【模様と視差】レイヤーと【Kaleida & Parellax】レイヤーを選択します 10 。
【編集】メニューの【複製】（ Ctrl + D キー）を選択して2つのレイヤーを複製し 11 、【背景】レイヤーの上に配置します 12 。

364

Section 5-2 パララックス動画

複製された【模様と視差2】レイヤーと【Kaleida & Parellax 2】レイヤーの左にある【ソロ表示】をクリックして 13 、2つのレイヤーだけを表示させます。

複製された【模様と視差2】レイヤーを【文字】パネルで【カラー】を【#661515】 14 、【Kaleida & Parellax 2】レイヤーの【カラー】を【#847041】にそれぞれ変更します 15 。設定を終えた後に、【ソロ表示】を解除します。

次に【レイヤー】メニューの【新規】➡【調整レイヤー】（ Ctrl + Alt + Y キー）を選択すると 16 、【タイムライン】パネルに【調整レイヤー1】レイヤーが配置されます。【調整レイヤー1】レイヤーを選択して Enter キーを押し、【レイヤー名】を【万華鏡】に変更して、【ノイズ】レイヤーの下に配置します 17 。

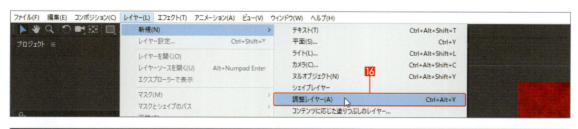

365

【万華鏡】レイヤーを選択して[18]、【エフェクト】メニューの【スタイライズ】→【CC Kaleida】を適用します[19]。
【エフェクトコントロール】パネルで【Rotation】の左にある【ストップウォッチ】を Alt キーを押しながらクリックすると[20]、【タイムライン】パネルでレイヤーが展開されて、エクスプレッションが入力できる状態になります[21]。
ここでは、【time*10】と入力します[22]。文字が模様になり、万華鏡の効果が追加されました[23]。

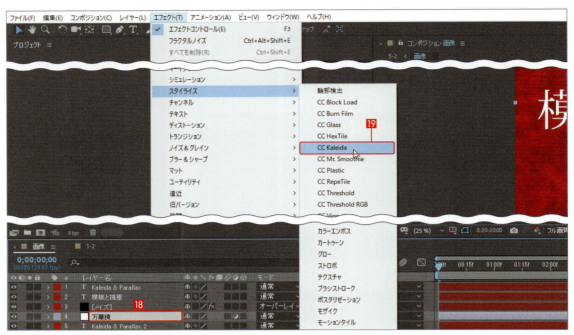

【5-2】コンポジションのタブをクリックして24、【5-2】のコンポジションに戻ります25。

　これで、視差効果をつけたパララックスアニメーションの完成です。

▶ Preview

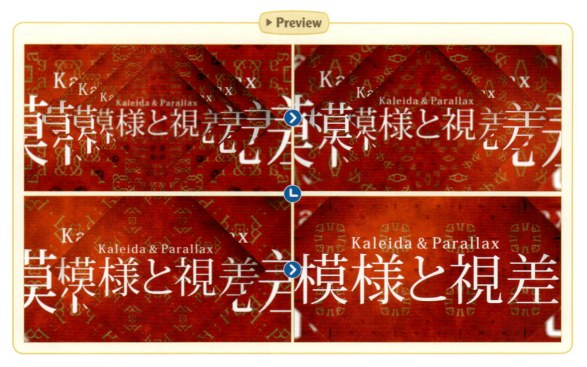

Chapter 5 【上級編】エフェクトアニメーション

Section 5-3 変身する文字

ここでは、【シャター】を使った文字の変形アニメーションの作り方を解説します。

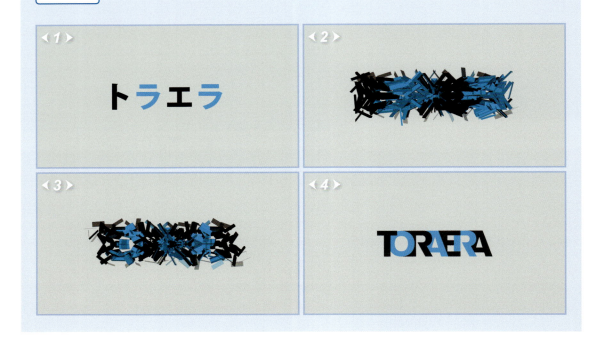

01 テキストを作成する

1 コンポジションを作成する

【コンポジション】パネルの【新規コンポジション】（Ctrl＋Nキー）を選択します**1**。
【コンポジション設定】ダイアログボックスの【基本】タブにある【コンポジション名】に**【文字1】**と入力し**2**、【背景色】の【カラー】を**【#FFFFFF】**に設定します**3 4**。
【プリセット】から**【HDTV 1080 29.97】**を選択し**5**、【デュレーション】に5秒**【0;00;05;00】**と入力します**6**。

【3Dレンダラー】タブをクリックして 7 、【レンダラー】を【クラシック3D】に設定し 8 、[OK]ボタンをクリックします 9 。

2 テキストを作成する

【テキストツール】を選択して 1 、【コンポジション】パネルのプレビューをクリックすると画面上にカーソルが点滅して、文字を入力できる状態になるので、そのまま「トラエラ」と入力します 2 。

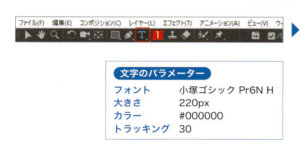

文字のパラメーター	
フォント	小塚ゴシック Pr6N H
大きさ	220px
カラー	#000000
トラッキング	30

「ラ」の文字上をドラッグして選択し 3 、【文字】パネルの【カラー】を【#00A0E9】に変更します 4 5 。

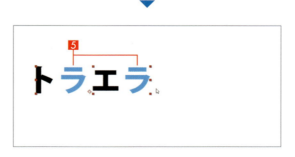

【アンカーポイントツール】に切り替えて 6 、Ctrl キーを押しながらドラッグしてアンカーポイントを文字の中央に移動してから 7 、【選択ツール】に切り替えます 8 。

【整列】パネルの【水平方向に整列】 9 と【垂直方向に整列】 10 を順にクリックして、「トラエラ」を画面中央に配置します 11 。

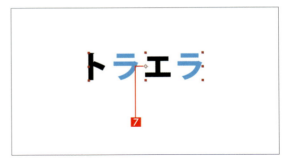

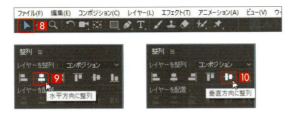

3 コンポジションを複製する

【プロジェクト】パネルの【文字 1】を【編集】メニューの【複製】（Ctrl + D キー）を選択して複製します 1 。
複製された【文字 2】をダブルクリックすると 2 、【文字 2】コンポジションが展開されるので 3 、「トラエラ」を選択して Delete キーで削除します 4 。

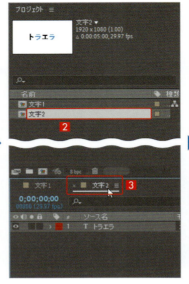
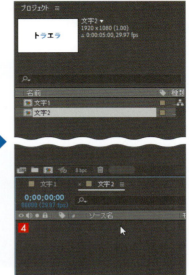

【ファイル】メニューの【読み込み】→【ファイル】（ Ctrl + I キー）を選択して 5、【ファイルの読み込み】ダイアログボックスで【TORAERA_LOGO.ai】を読み込みます 6 7 8 。
【プロジェクト】パネルから【TORAERA_LOGO.ai】をドラッグして 9、【タイムライン】パネルに配置します 10 。
【トランスフォーム】タブを開いて 11、【スケール】の数値を【70】と入力します 12 。

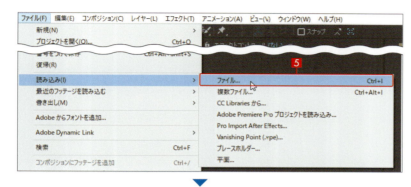

02 変形アニメーションを作成する

【コンポジション】メニューの【新規コンポジション】（Ctrl＋Nキー）を選択します 1。
【コンポジション設定】ダイアログボックスの【基本】タブにある【コンポジション名】に【変形1】と入力します 2。
【プリセット】から【HDTV 1080 29.97】を選択し 3、【デュレーション】に5秒【0;00;05;00】と入力して 4、[OK]ボタンをクリックします 5。

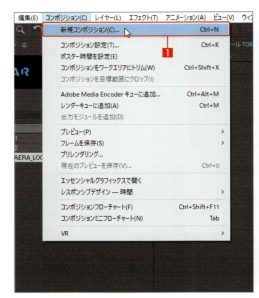

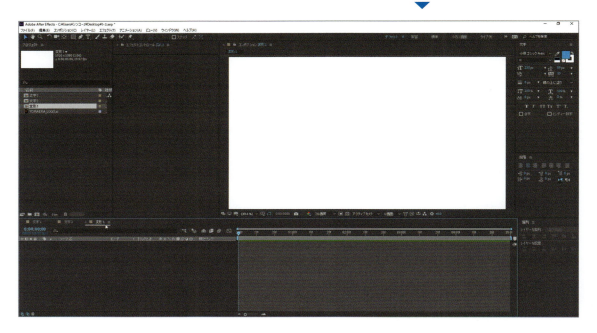

Section 5-3 変身する文字

03 シャターを適用する

【プロジェクト】パネルから【文字1】コンポジションをドラッグして❶、【タイムライン】パネルに配置します❷。
【文字1】レイヤーを選択して❸、【エフェクト】メニューの【シミュレーション】➡【シャター】を適用します❹。
【シャター】は、イメージが割れるアニメーションをシミュレートするエフェクトです。

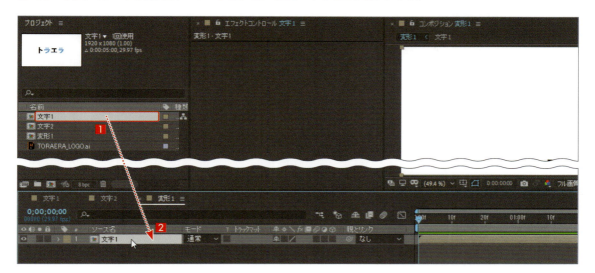

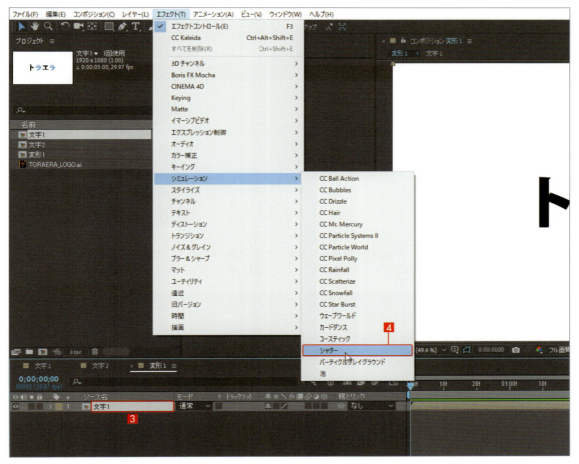

Chapter 5 【上級編】エフェクトアニメーション

1 表示方法を設定する

【表示】を【レンダリング】に設定すると最終出力の結果を表示するので、形状を確認しながらの調整が可能になります❶。

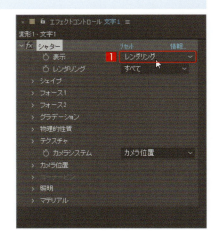

2 シェイプの形を設定する

【シェイプ】タブを開いて❶、【パターン】を【カーペンターホイール】❷、【シャター】の【繰り返し】の数値を【80】❸、【方向】の数値を【2+0.0】❹に設定します。
また、【白タイル（固定）】をオンにします❺。

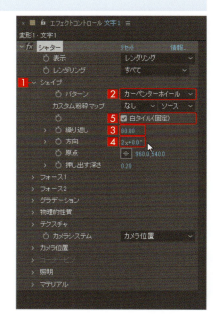

【現在の時間インジケーター】 を0秒【0;00;00;00】に移動して❻、【押し出す深さ】の数値を【0】と入力します❼。
【押し出す深さ】の左にある【ストップウォッチ】 をクリックして❽、キーフレームを設定します❾。

【現在の時間インジケーター】を1秒【0;00;01;00】に移動して 10、【押し出す深さ】の数値を【1.5】と入力します 11。左から1つ目のキーフレームを選択して 12、F9 キーを押してイージーイーズを適用します 13。

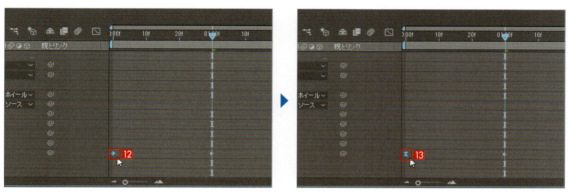

これで、分割した側面に厚みが加わっていくアニメーションができました。

3 破片が飛び散る原因となる衝突効果を作成する

【シャター】の【フォース1】タブを開いて 1、【深度】の数値を【0.3】2、【強度】の数値を【0.7】3 と入力します。

4 飛び散る破片のアニメーションをコントロールする

【物理的性質】タブを開いて 1、【回転速度】の数値を【1】 2、【ランダム度】の数値を【0】 3、【変動量】の数値を【100】 4、【重力】の数値を【0】 5 と入力すると、文字が画面の中心で割れながら変化するアニメーションが完成しました。

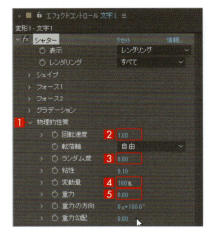

▶ Preview

5 コンポジションを複製する

【プロジェクト】パネルの【変形1】を【編集】メニューの【複製】（Ctrl＋Dキー）を選択して複製します 1。
複製された【変形2】をダブルクリックすると 2、【変形2】コンポジションが展開されます 3。
【プロジェクト】パネルから【文字2】をドラッグして、【タイムライン】パネルに配置します 4。

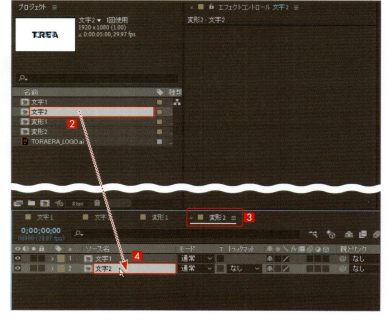

【現在の時間インジケーター】■を0秒【0;00;00;00】に移動します。【文字1】を選択して■、【エフェクトコントロール】パネルの【シャター】を選択し、【編集】メニューの【コピー】（Ctrl＋Cキー）を選択します■。
【文字2】を選択して■、【編集】メニューの【ペースト】（Ctrl＋Vキー）を選択すると■、【シャター】が追加されます■。
【文字1】を選択して■、Delete キーで削除します■。

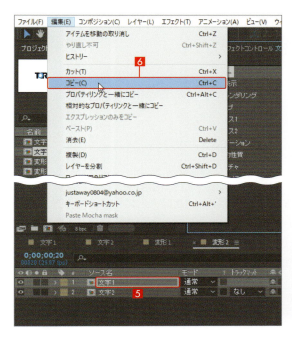
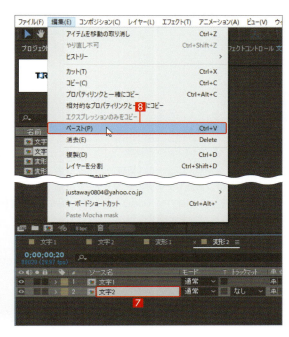
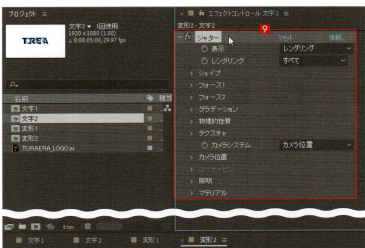

Chapter 5 【上級編】エフェクトアニメーション

▶ Preview

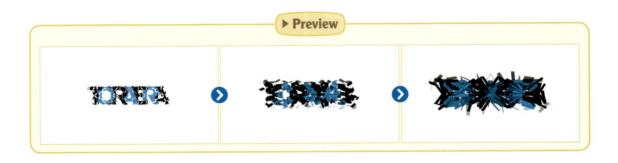

04 アニメーションを合成する

1 コンポジションの作成

【コンポジション】メニューの【新規コンポジション】（Ctrl＋Nキー）を選択します 1 。
【コンポジション設定】ダイアログボックスの【基本】タブにある【コンポジション名】に【5-3】と入力します 2 。
【プリセット】から【HDTV 1080 29.97】を選択し 3 、【デュレーション】に5秒【0;00;05;00】と入力して 4 、[OK]ボタンをクリックします 5 。

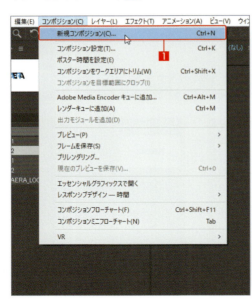

378

Section 5-3 変身する文字

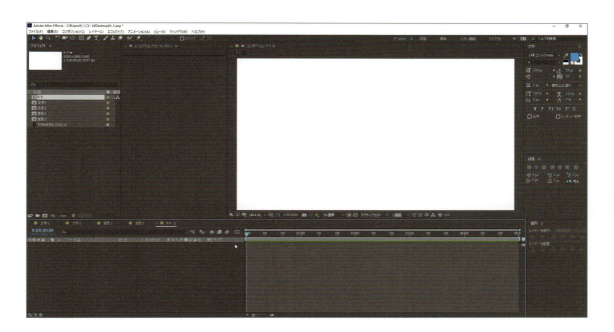

2 背景を作成する

【レイヤー】メニューの【新規】→【平面】（Ctrl+Yキー）を選択して1、【平面設定】ダイアログボックスの【名前】に【背景】と入力します2。
【カラー】を【#E0E0E0】に設定すると3 4、【タイムライン】パネルに薄いグレーの平面が配置されます5。

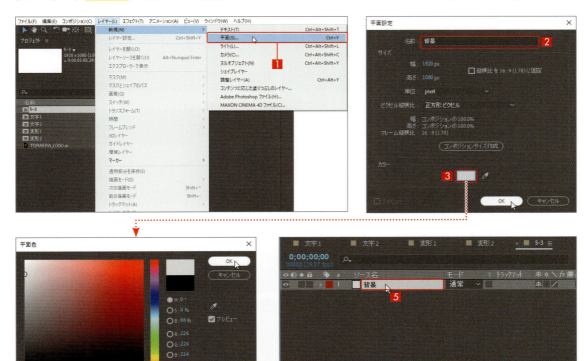

3 時間短縮を適用する

【プロジェクト】パネルから【文字1】をドラッグして❶、【タイムライン】パネルに配置します❷。
【現在の時間インジケーター】を1秒【0;00;01;00】に移動して❸、【編集】メニューの【レイヤーを分割】（Shift + Ctrl + Dキー）を選択して分割し❹、分割した後方のレイヤーを Delete キーで削除します❺。
次に【プロジェクト】パネルから【変形1】コンポジションをドラッグして❻、【タイムライン】パネルの【文字1】レイヤーの下に配置します❼。

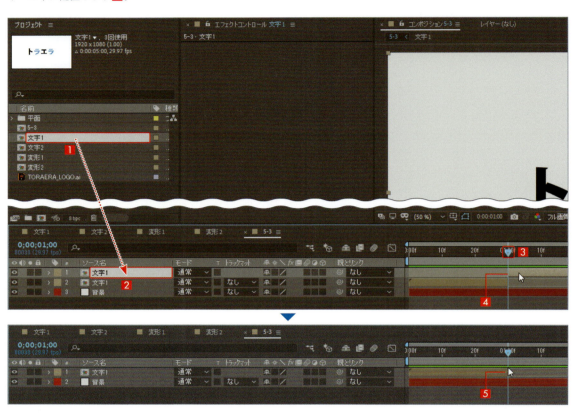

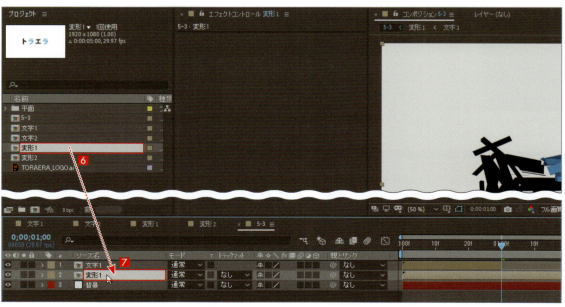

Section 5-3 変身する文字

4 アニメーションを設定する

【**変形1**】レイヤーを選択して①、【**レイヤー**】メニューの【**時間**】→【**タイムリマップ使用可能**】(Ctrl + Alt + Tキー)を選択すると②、レイヤーの左端と右端に【**タイムリマップ**】のキーフレームが設定されます③。

【**現在の時間インジケーター**】を2秒【**0;00;02;00**】に移動して④、【**タイムリマップ**】の左にある◆をクリックし⑤、キーフレームを設定します⑥。

【**現在の時間インジケーター**】を3秒【**0;00;03;00**】に移動して⑦、右端にあるキーフレームをドラッグして配置し⑧、【**タイムリマップ**】の数値をクリックして【**0;00;00;00**】と入力します⑨。

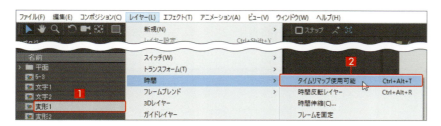

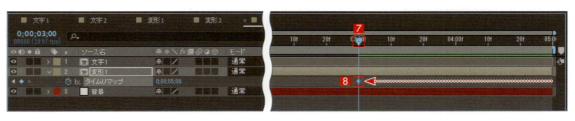

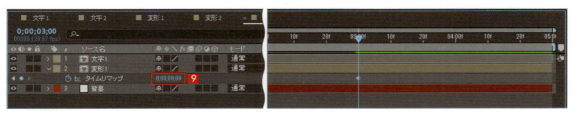

381

【現在の時間インジケーター】 の1秒【0;00;01;00】の位置に【変形1】レイヤーをドラッグして配置します❿。
【タイムリマップ】をクリックすると⓫、すべてのキーフレームが選択されるので⓬、 F9 キーを押してイージーイーズを適用します⓭。

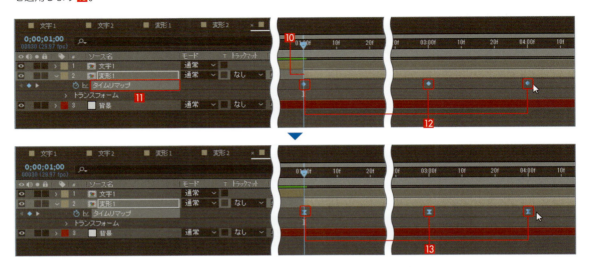

【イージーイーズ】の詳細を調整する

【グラフエディター】 をクリックしてから❶、【タイムリマップ】を選択して❷、速度グラフ※を表示します❸。
【3秒】のキーフレームを【選択ツール】 でダブルクリックすると❹、【キーフレーム速度】ダイアログボックスが表示されます❺。

※速度グラフが表示されない場合は、50ページを参照

Section 5-3 変身する文字

【入る速度】と【出る速度】の2つの設定があるので、それぞれの【影響】に【80】と入力します。

【タイムリマップ】
時間【3秒】
入る速度：速度【デフォルト】　影響【80】
出る速度：速度【デフォルト】　影響【80】

設定が終わったら、【グラフエディター】をクリックして閉じます ６ 。

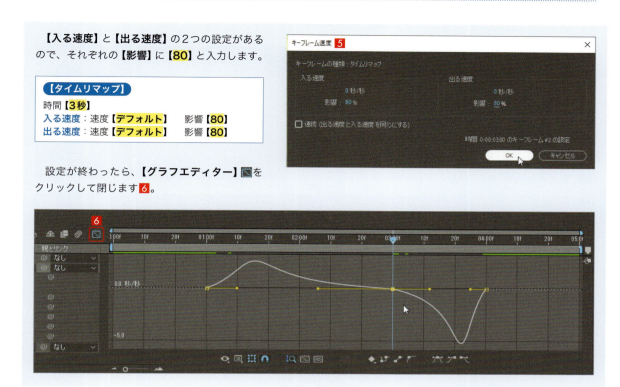

【現在の時間インジケーター】を3秒10フレーム【0;00;03;10】に移動します ４ 。【トランスフォーム】タブを開き ５ 、【スケール】の左にある【ストップウォッチ】をクリックして ６ 、キーフレームを設定します ７ 。
次に【現在の時間インジケーター】を3秒25フレーム【0;00;03;25】に移動します ８ 。【スケール】の数値に【0】と入力します ９ 。

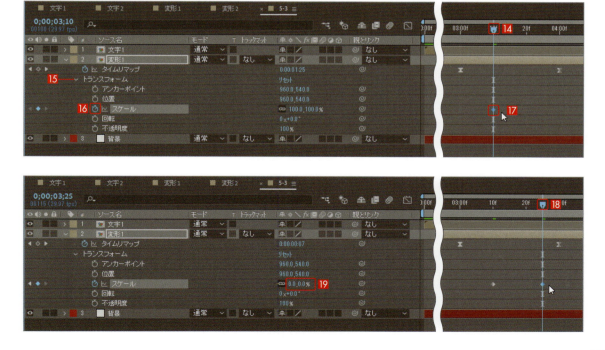

383

左から1つ目のキーフレームを選択して 20 、 F9 キーを押してイージーイーズを適用します 21 。

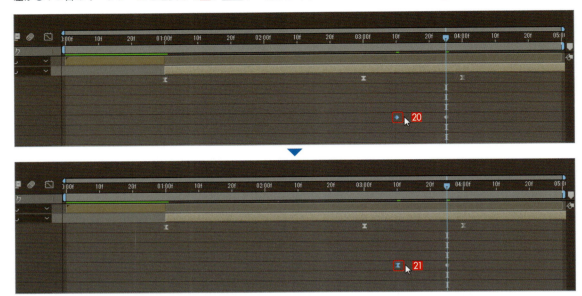

これで、文字が崩れて消えていくアニメーションができました。

▶ Preview

次に【プロジェクト】パネルから【変形2】コンポジションをドラッグして 22 、【現在の時間インジケーター】 を1秒【0;00;01;00】に移動し 23 、【タイムライン】パネルの【変形1】レイヤーの下に配置します 24 。

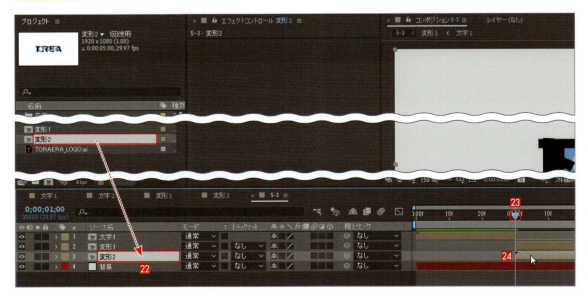

【変形1】レイヤーを開いて25、【タイムリマップ】を選択すると26、すべてのキーフレームが選択されるので27、【編集】メニューの【コピー】（Ctrl＋Cキー）を選択します28。

【変形2】レイヤーを選択して29、【編集】メニューの【ペースト】（Ctrl＋Vキー）を選択すると30、【変形2】に【タイムリマップ】が追加されます31。

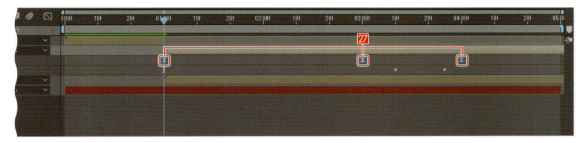

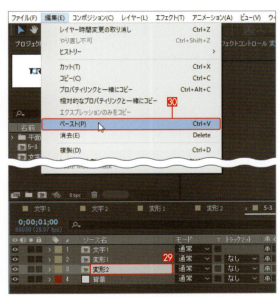

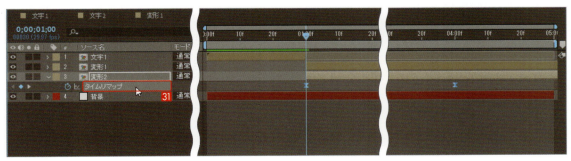

Chapter 5 【上級編】エフェクトアニメーション

【現在の時間インジケーター】を1秒5フレーム【0;00;01;05】に移動して 32 、【トランスフォーム】タブを開きます 33 。
【変形2】レイヤーの【スケール】の数値に【0】と入力し 34 、【スケール】の左にある【ストップウォッチ】をクリックして 35 、キーフレームを設定します 36 。
次に【現在の時間インジケーター】を1秒20フレーム【0;00;01;20】に移動して 37 、【スケール】の数値に【100】と入力します 38 。
左から1つ目のキーフレームを選択して 39 、 F9 キーを押してイージーイーズを適用します 40 。

これで、文字が崩れて違う文字に変化するアニメーションが完成しました。

Section 5-4 水しぶきのトランジション

水しぶきのトランジション

ここでは、水しぶきを使った画面切り替えアニメーションの作り方を解説します。

01 アニメーション用のコンポジション作成する

1 コンポジションの作成

【コンポジション】パネルの【新規コンポジション】（Ctrl＋Nキー）を選択して、【コンポジション設定】ダイアログボックスの【基本】タブにある【コンポジション名】に【5-4】と入力します❶。【プリセット】から【HDTV 1080 29.97】を選択し❷、【デュレーション】に7秒【0;00;07;00】と入力します❸。
【3Dレンダラー】タブをクリックして❹、【レンダラー】を【クラシック3D】に設定し❺、[OK]ボタンをクリックします❻。

387

Chapter 5 【上級編】エフェクトアニメーション

2 背景を作成する

【レイヤー】メニューの【新規】→【平面】
(Ctrl + Y キー)を選択して 1、【平面設定】
ダイアログボックスの【名前】に【背景】と
入力します 2。
【カラー】を【#BA2C5E】に設定すると 3
4、【タイムライン】パネルに紫色の平面が
配置されます 5。

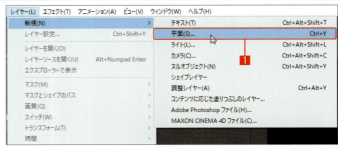

02 水アニメーションを作成する

1 【CC Mr. Mercury】を適用する

【レイヤー】メニューの【新規】→【平面】
(Ctrl + Y キー)を選択して 1、【平面設定】
ダイアログボックスの【名前】に【水1】と
入力し 2、【カラー】を【#FFFFFF】に設定
すると 3 4、【タイムライン】パネルに白色
の平面が配置されます 5。

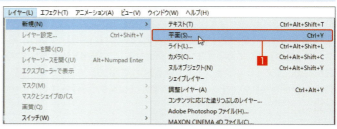

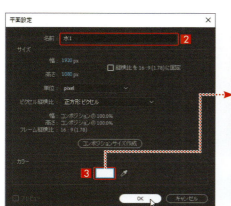

【水1】レイヤーを選択して■6、【エフェクト】メニューの【シミュレーション】➡【CC Mr. Mercury】■7 を選択するとエフェクトが適用されます。
再生すると、水しぶきが出続けるアニメーションが確認できます。

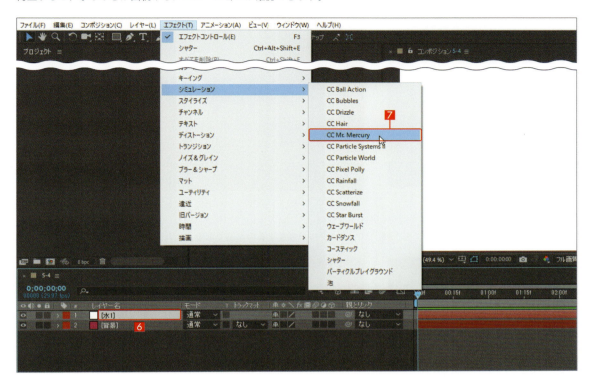

2 パーティクルの形を設定する

【エフェクトコントロール】パネルの【CC Mr. Mercury】タブを開いて■1、【Blob Birth Size】の数値を【0.06】■2、【Blob Death Size】の数値を【3】■3 とそれぞれ入力します。

次に、パーティクルが出現する放出口の形を設定します。【Radius X】の数値を【0】4、【Radius Y】の数値を【0】5にすると、パーティクルの放出口が小さくなりました。

3 物理演算の動きを設定する

【Velocity】の数値を【5】に設定すると1、パーティクルが発生するのが速くなりました。

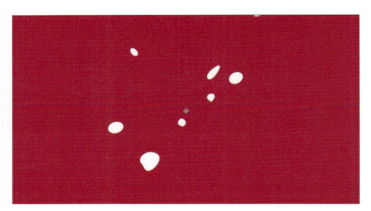

4 パーティクルの出現量と消えるまでの長さを設定する

【Birth Rate】の数値に【200】1、【Longevity(sec)】の数値に【10】2と入力すると、パーティクルが一度に発生する量が増えて、寿命が10秒になりました。

Section 5-4 水しぶきのトランジション

5 パーティクルの色を設定する

【水1】レイヤーを選択して❶、【エフェクト】メニューの【描画】➡【塗り】を選択するとエフェクトが適用されます❷。
【エフェクトコントロール】パネルの【塗り】の【カラー】を【#38AFDD】に設定すると❸、【水1】が水色になります❹。
【水1】レイヤーを選択して❺、【現在の時間インジケーター】を1秒【0;00;01;00】の位置に配置します❻❼。

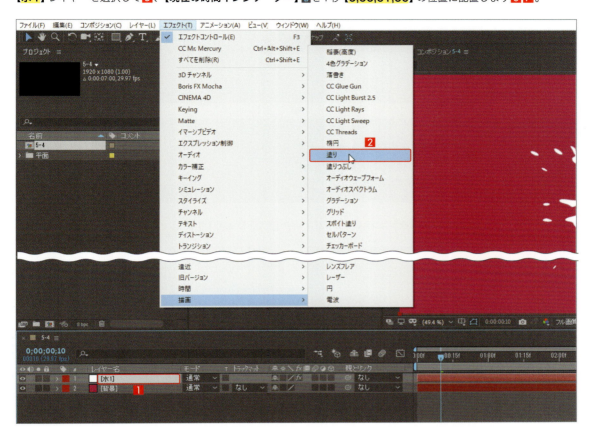

391

6 複製してアニメーションを作成する

【水1】レイヤーを選択して、【編集】メニューの【複製】（Ctrl + Dキー）を選択して複製します。
複製されたレイヤーを選択してEnterキーを押し、【レイヤー名】を【水2】に変更して❶、【現在の時間インジケーター】▼のある1秒10フレーム【0;00;01;10】の位置に配置します❷❸。

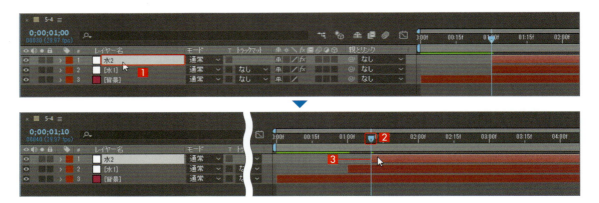

【水2】レイヤーを選択して、【エフェクトコントロール】パネルの【塗り】にある【カラー】を【#FFFFFF】に変更します❹。

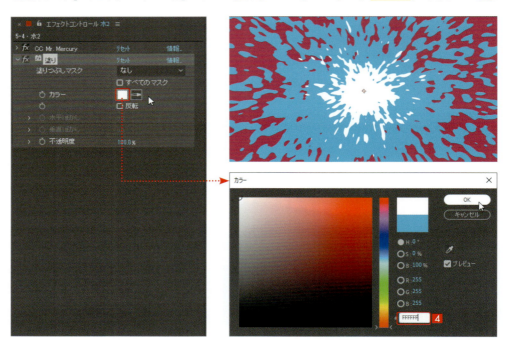

【水1】レイヤーを選択して、【編集】メニューの【複製】（Ctrl + Dキー）を選択して複製します。
複製されたレイヤーを選択してEnterキーを押して【レイヤー名】を【水3】に変更し❺、【現在の時間インジケーター】▼を1秒20フレーム【0;00;01;20】にドラッグして移動してから❻、【水2】レイヤーの上に配置します❼。

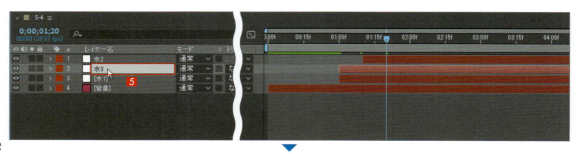

Section 5-4 水しぶきのトランジション

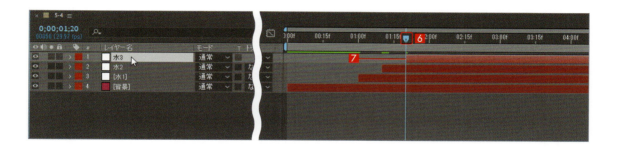

03 テキストを作成する

1 テキストを作成する

【テキストツール】■を選択して■、プレビュー画面をクリックすると、画面上にカーソルが点滅して文字を入力できる状態となるので、「ウォーター」と入力します■。

文字のパラメーター
フォント　小塚ゴシック Pr6N H
大きさ　　300px
カラー　　#FFFFFF

【アンカーポイントツール】■に切り替えて■、Ctrlキーを押しながらドラッグしてアンカーポイントを文字の中央に移動してから■、【選択ツール】■に切り替えて■、【整列】パネルの【水平方向に整列】■■と【垂直方向に整列】■■を順にクリックして、「ウォーター」を画面中央に配置します■。

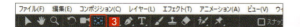

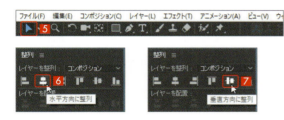

393

【ウォーター】テキストレイヤーを【現在の時間インジケーター】のある1秒20フレーム【0;00;01;20】の位置に配置します 9 。

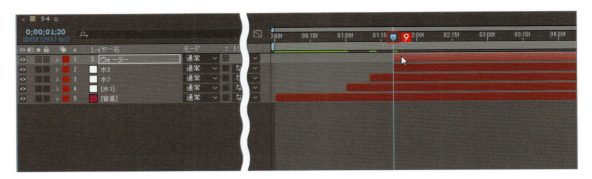

2 テキストにアニメーションを設定する

【ウォーター】テキストレイヤーを開いて 1 、【トランスフォーム】タブの【スケール】の数値に【80】と入力し 2 、【スケール】の左にある【ストップウォッチ】をクリックして 3 、キーフレームを設定します 4 。
【現在の時間インジケーター】を5秒【0;00;05;00】に移動して 5 、【スケール】の数値に【100】と入力します 6 。

Section 5-4 水しぶきのトランジション

3 テキストにマットを設定する

【水3】レイヤーを選択して、【編集】メニューの【複製】（Ctrl+Dキー）を選択して複製します。
【現在の時間インジケーター】のある1秒20フレーム【0;00;01;20】の位置に 1、複製された【水4】レイヤーを【ウォーター】テキストレイヤーの上に配置します 2。
【ウォーター】テキストレイヤーの右にある【トラックマット】 3 を【アルファマット"水4"】に変更すると 4、水の中からテキストが出現するアニメーションができました。

▶ Preview

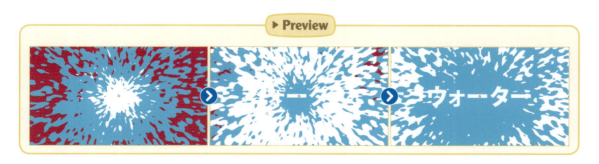

Chapter 5 【上級編】エフェクトアニメーション

4 レイヤーを複製する

【現在の時間インジケーター】 を3秒【0;00;03;00】に移動します❶。

【水4】レイヤーを選択して❷、Shiftキーを押しながら【水1】レイヤーをクリックすると❸、複数のレイヤーが選択されるので❹、【編集】メニューの【複製】（Ctrl+Dキー）を選択して複製します❺。

複製されたレイヤー上にドラッグで移動して、【現在の時間インジケーター】 のある3秒【0;00;03;00】にドラッグして配置します❻❼。

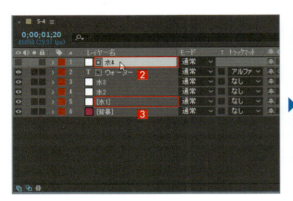

396

【ウォーター2】テキストレイヤーを選択して 8、【テキストツール】■に切り替えます 9。
文字上をドラッグして選択し 10、そのまま「スプラッシュ」と入力します 11。

【選択ツール】▶に切り替えて 12、【整列】パネルの【水平方向に整列】■ 13 と【垂直方向に整列】■ 14 を順にクリックして、「スプラッシュ」を画面中央に配置します 15。

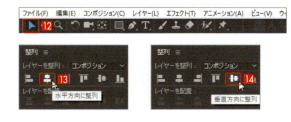

次に、複製の【水1】レイヤーを選択して、【エフェクトコントロール】パネルにある【塗り】の【カラー】を【#FFCC3A】に変更すると 16 、水の色が黄色になりました 17 。

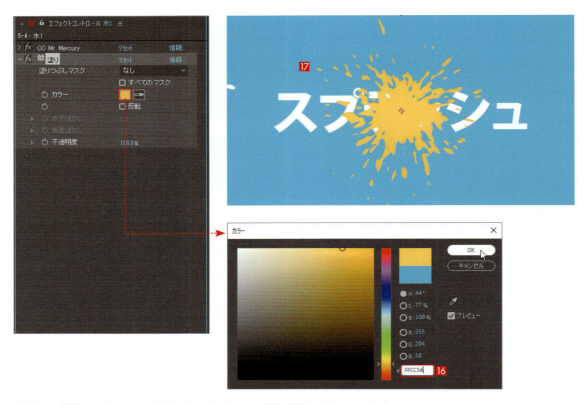

同様に、【水6】レイヤーも【塗り】の【カラー】を【#FFCC3A】に変更します 18 。

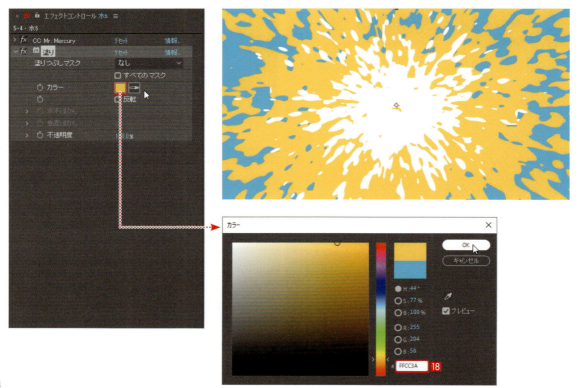

04 流水アニメーションを作成する

1 コンポジションを作成する

【コンポジション】メニューの【新規コンポジション】(Ctrl＋Nキー)を選択します**1**。
【コンポジション設定】ダイアログボックスの【基本】タブにある【コンポジション名】に【流水】と入力します**2**。
【プリセット】から【カスタム】を選択し**3**、【幅】を【1920】**4**、高さを【1920】**5**と入力し、【デュレーション】に7秒【0;00;07;00】と入力して**6**、[OK]ボタンをクリックします**7**。

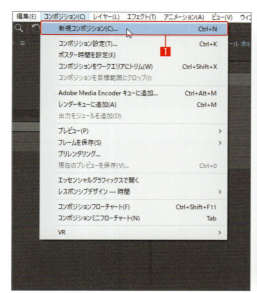

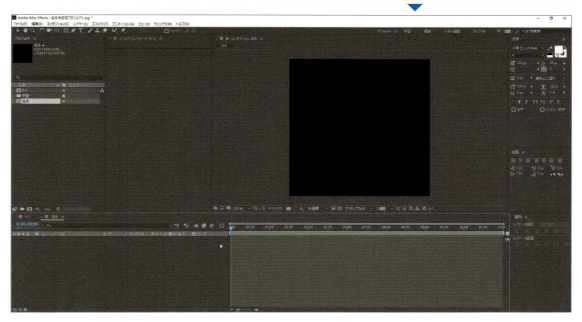

2 【CC Particle SystemsⅡ】を適用する

【レイヤー】メニューの【新規】→【平面】（Ctrl＋Yキー）を選択して1、【平面設定】ダイアログボックスの【名前】に【水】と入力し2、【カラー】3を【#000000】に設定すると4、【タイムライン】パネルに黒色の平面が配置されます5。
【水】レイヤーを選択して6、【エフェクト】メニューの【シミュレーション】→【CC Particle SystemsⅡ】を選択すると7、エフェクトが適用されます。

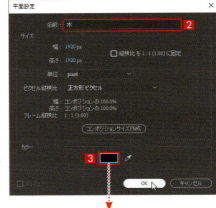

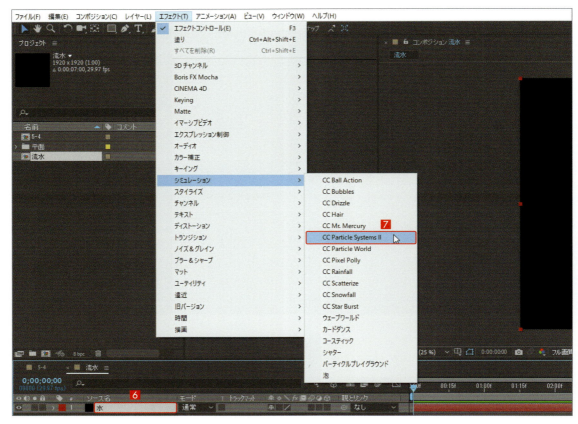

3 パーティクルの形を設定する

【エフェクトコントロール】パネルの【CC Particle Systems II】にある【Particle】タブを開いて❶、【Particle Type】を【Faded Sphere】に設定すると❷、パーティクルの形が球体になります❸。
また、【Birth Size】を【0.3】❹、【Death Size】を【0】❺とそれぞれ入力すると、パーティクルの粒が大きくなりぼやけます❻。
【Size Variation】に【100】❼、【Max Opacity】に【100】❽とそれぞれ入力すると、パーティクルの粒の大きさにばらつきが出て、輪郭がはっきりします❾。

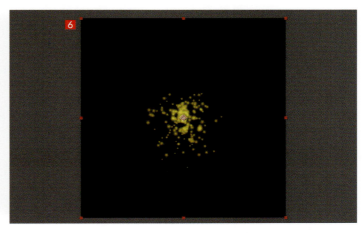

次に、パーティクルが出現する放出口の形を設定します。
【Producer】タブを開いて⑩、【Radius X】を【2】⑪、【Radius Y】を【2】⑫に設定すると、パーティクルの放出口が少し小さくなります⑬。
【Position】の数値を【656, 960】⑭と入力して、【Position】の左にある【ストップウォッチ】 を Alt キーを押しながらクリックすると⑮、【タイムライン】パネルでレイヤーが展開されて、エクスプレッションを入力できる状態になります⑯。ここでは、【wiggle(2, 1200)】と入力します⑰。
これは、2秒間に1回、1200ピクセル位置がランダムに変動することになります⑱。

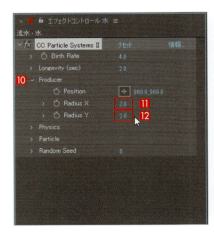
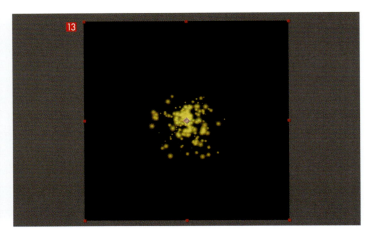

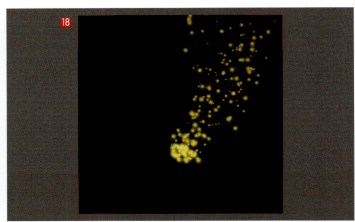

Section 5-4　水しぶきのトランジション

4 物理演算の動きを設定する

【Physics】タブを開いて❶、【Animation】を【Direction】に設定すると❷、指定した方向に向かってパーティクルが発生するようになります❸。
次に【Velocity】と【Gravity】を【0】に設定すると❹❺、パーティクルがその場で次々に出現するようになります❻。

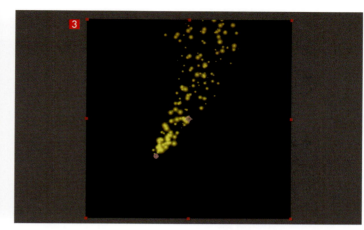

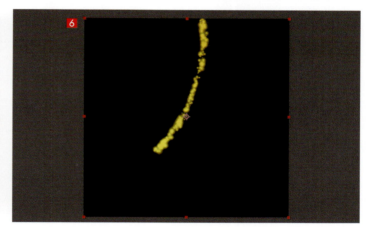

5 パーティクルの出現量と消えるまでの長さを設定する

【Birth Rate】に【180】❶、【Longevity(sec)】に【0.2】❷と入力すると、パーティクルが発生する量が増えて、寿命が0.2秒になりました❸。

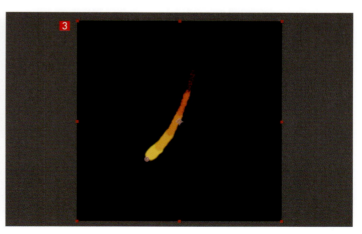

Chapter 5 【上級編】エフェクトアニメーション

6 【チョーク】を適用する

【水】レイヤーを選択して 1、【エフェクト】メニューの【マット】→【チョーク】を選択すると 2、エフェクトが適用されます。

【エフェクトコントロール】パネルの【チョーク】タブを開いて 3、【チョークマット】の数値に【30】と入力すると 4、パーティクルの形がくっきりと表示されるようになりました 5。

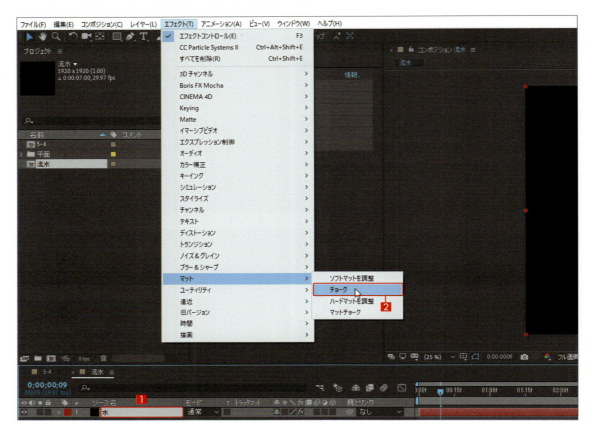

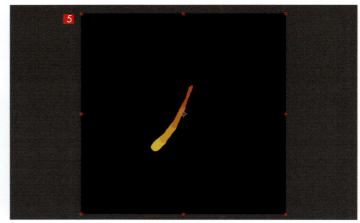

Section 5-4 水しぶきのトランジション

7 【ラフエッジ】を適用する

【水】レイヤーを選択して 1 、【エフェクト】メニューの【スタイライズ】➡【ラフエッジ】を選択すると 2 、エフェクトが適用されます。

【エフェクトコントロール】パネルの【ラフエッジ】タブを開いて 3 、【縁】の数値に【20】 4 、【エッジのシャープネス】の数値に【10】 5 とそれぞれ入力すると、水がアニメ調に変化しました 6 。

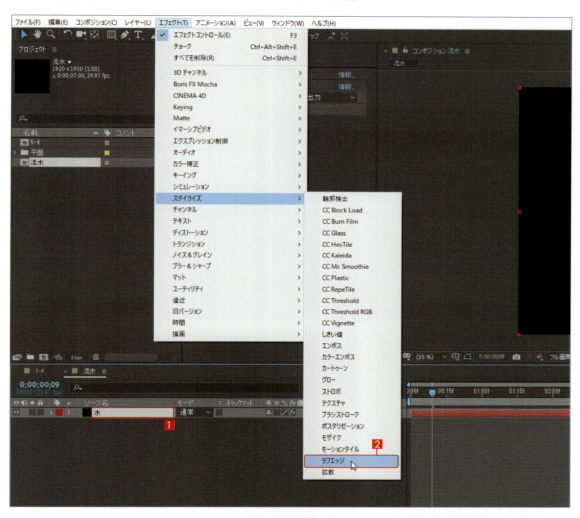

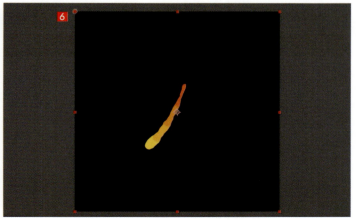

405

8 パーティクルの色を変更する

【水】レイヤーを選択して❶、【エフェクト】メニューの【描画】→【塗り】を選択すると❷、エフェクトが適用されます。【エフェクトコントロール】パネルの【塗り】にある【カラー】に【#FFFFFF】と入力すると❸、水が白色になりました❹。

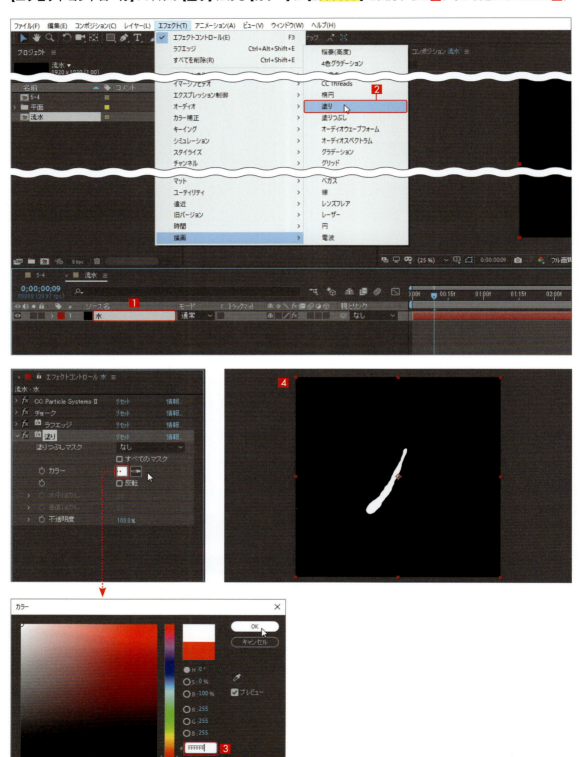

05 アニメーションを合成する

【5-4】コンポジションのタブをクリックして、【5-4】コンポジションに戻ります。
【現在の時間インジケーター】のある1秒20フレーム【0;00;01;20】の位置に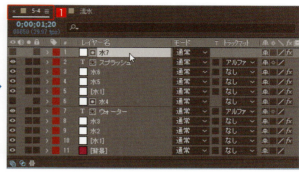、【プロジェクト】パネルの【流水】コンポジションをドラッグして【水4】レイヤーの上に配置します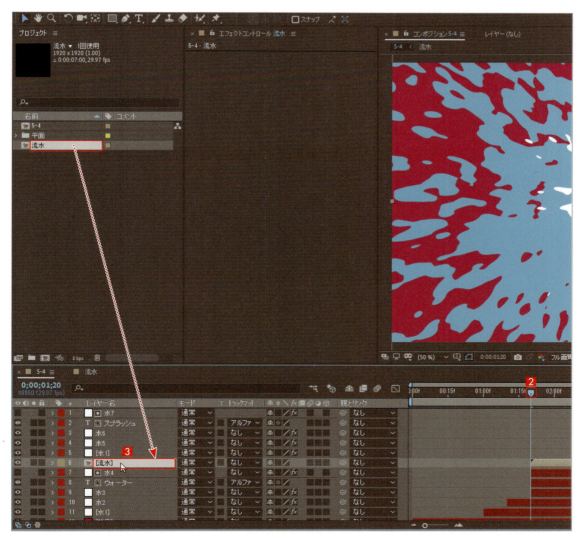。

【流水】を選択して、【編集】メニューの【複製】（Ctrl＋Dキー）を二回選択して、2つ複製します4。

【現在の時間インジケーター】を1秒25フレーム【0;00;01;25】に移動して5、複製された1つ目の【流水】レイヤーを配置します6。【トランスフォーム】タブを開き7、【回転】の数値に【260】と入力します8。
【現在の時間インジケーター】を2秒【0;00;02;00】に移動して9、2つ目の【流水】レイヤーを配置します10。
【トランスフォーム】タブを開き11、【回転】の数値に【130】と入力します12。

3つの【流水】レイヤーを選択して、【編集】メニューの【複製】（Ctrl＋Dキー）を選択して複製します13 14 15。
【現在の時間インジケーター】を3秒20フレーム【0;00;03;20】に移動して16、複製された3つの【流水】レイヤーを
【水7】レイヤーの上にドラッグして、3秒20フレーム【0;00;03;20】に配置します17 18 19。

これで、水しぶきのトランジションが完成しました。

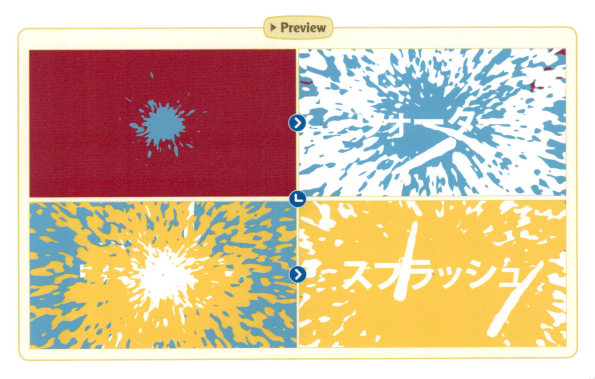

主に使用するショートカットキー

よく使うショートカット	Windows	Mac
新規コンポジションの作成	Ctrl + N キー	command + N キー
コンポジション設定	Ctrl + K キー	command + K キー
新規平面レイヤーの作成	Ctrl + Y キー	command + Y キー
【選択ツール】	V キー	V キー
【手のひらツール】	H キー	H キー
【手のひらツール】の一時使用	（スペース）キー	（スペース）キー
【ズームツール】（拡大）	Z キー	Z キー
【ズームツール】（縮小）	ズームツール（拡大）時に Alt キー	ズームツール（拡大）時に option キー
【回転ツール】	W キー	W キー
【カメラツール】	C キー	C
【アンカーポイントツール】	Y キー	Y キー
【マスクツール】と【シェイプツール】	Q キー	Q キー
【ペンツール】	G キー	G キー
【テキストツール】	Ctrl + T キー	command + T キー
レイヤーの位置を開く	P キー	P キー
レイヤーのスケールを開く	S キー	S キー
レイヤーの回転を開く	R キー	R キー
レイヤーのアンカーポイントを開く	A キー	A キー
レイヤーの不透明度を開く	T キー	T キー
レイヤーのキーフレーム（全体）を開く	U キー	U キー
レイヤーのエフェクトを開く	E キー	E キー
レイヤーのマスクを開く	M	M キー
レイヤーの「マスク」プロパティグループのみを開く	M キーを2回押す	M キーを2回押す
レイヤーのエクスプレッションを開く	E キーを2回押す	E キーを2回押す
オーディオウェーブフォームのみを表示	L キーを2回押す	L キーを2回押す
再生	（スペース）キー	（スペース）キー
コンポジションの開始点に移動	Home キー	home キー
コンポジションの終了点に移動	End キー	end キー
1フレーム先に進む	Ctrl + → キー	command + → キー
1フレーム前に戻る	Ctrl + ← キー	command + ← キー
10フレーム先に進む	Ctrl + Shift + → キー	command + shift + → キー
10フレーム前に戻る	Ctrl + Shift + ← キー	command + shift + ← キー

よく使うショートカット	Windows	Mac
1つ先のキーフレームに移動する	K キー	K キー
1つ前のキーフレームに移動する	J キー	J キー
レイヤーのインポイントに移動する	I キー	I キー
レイヤーのアウトポイントに移動する	O キー	O キー
選択したレイヤーのインポイントを【現在の時間インジケーター】に移動する	[キー（左大括弧）	[キー（左大括弧）
選択したレイヤーのアウトポイントを【現在の時間インジケーター】に移動する	] キー（右大括弧）	] キー（右大括弧）
選択したレイヤーのインポイントを【現在の時間インジケーター】にトリムする	Alt + [キー（左大括弧）	option + [キー（左大括弧）
選択したレイヤーのアウトポイントを【現在の時間インジケーター】にトリムする	Alt +] キー（右大括弧）	option +] キー（右大括弧）
レイヤーを複製する	Ctrl + D キー	command + D キー
レイヤーを【現在の時間インジケーター】の箇所で分割する	Ctrl + Shift + D キー	command + shift + D キー
操作を取り消す	Ctrl + Z キー	command + Z キー
操作をやり直す	Ctrl + Shift + Z キー	command + shift + Z キー
ワークエリアの開始点を現在の時間に設定	B キー	B キー
ワークエリアの終了点を現在の時間に設定	N キー	N キー

INDEX

拡張子

.aep	36
.c4d	305

数字

【3Dレイヤー】アイコン	274, 302
【3Dレンダラー】タブ	43, 302, 347, 387

A

Adobe After Effects プロジェクト	36
Adobe Fonts	12
Adobe Media Encoder キューに追加	32
AEP ファイル	37
After Effects	8

C

CC Composite	333
CC Kaleida	366
CC Mr.Mercury	389
CC Particle Systems II	331, 400
CC Particle World	259, 272
CINEMA 4D	282
CINEMA 4D Lite	306, 316, 319

H～M

H.264	33
HDTV 1080 29.97	15
MAXON Cinema 4D Exporter	303

P～Y

Premiere Pro	8
(time*)	336
VFX	8
wiggle()	336
YouTube 1080p フルHD	33

あ行

【値を編集】ダイアログボックス	351
アニメーション制作	14
アニメーター	19, 220, 225
アンカーポイント	45
【アンカーポイントツール】	
	152, 208, 217, 218, 276, 345, 370, 393
位置	45
位置を編集	144, 351
イージーイーズ	30, 49, 50

イーズ	30
ウィグリーセレクター	219, 229
【ウィンドウ】メニュー	9
エクスプレッション	360, 363, 366
エコー	177
【エフェクトコントロール】パネル	10, 69
【エフェクト】メニュー	331
親子関係	79, 96
オーバーレイ	364

か行

回転	45
ガイド	146, 354
ガイドをロック	145, 352
書き出し	32, 303
【書き出し設定】パネル	34
カメラオプション	348
【カメラ設定】ダイアログボックス	265, 348
環境設定	12
キュー	32
キューを開始	34
キーフレーム	20, 23, 46, 47
【キーフレーム速度】ダイアログボックス	51
【キーフレーム補間法】ダイアログボックス	48, 128
キーフレーム補助	30, 49
空間補間法	48
クラシック3D	43, 347, 387
グラデーション	258
グラフエディター	50
グリッドとガイドのオプションを選択	143, 145
【現在の時間インジケーター】	18, 21, 46
現在の縦横比を固定	62
高速ボックスブラー	168, 361
コンテンツ	44
【コンポジション設定】ダイアログボックス	15, 302
【コンポジション】パネル	10, 15, 17

さ行

再生	22
シェイプポイントの移動	137
シェイプレイヤー	28, 43
字送り	220, 225
字間	13
時間補間法	128
絞り	348
シミュレーション	331
シャター	373
出力ファイル	35
定規	146, 354
新規コンポジション	15
垂直方向に整列	18
スイッチを表示または非表示	24
水平方向に整列	18
スケール	45

スタート画面 ··· 9
ストップウォッチ ······························· 20, 23
【整列】パネル ··································· 10, 18
【線オプション】ダイアログボックス ········· 136, 142
【選択ツール】 ··················· 17, 183, 284, 345

た行

【タイムライン】パネル ···························· 10, 18
タイムリマップ ····································· 385
タイムリマップ使用可能 ····························· 381
【楕円形ツール】 ··································· 156
多角形 ··· 44
単色合成 ··· 351
【段落】パネル ····································· 10
タービュレントディスプレイス ··············· 169, 338
チャンネル ······································· 333
調整レイヤー ························· 176, 358, 365
【長方形ツール】 ··································· 136
チョーク ·································· 169, 404
追加 ··· 44
【ツールパネル】 ·································· 10, 16
ディストーション ·································· 338
【テキストカラー】ダイアログボックス ············· 17
【テキストツール】
········· 125, 151, 183, 207, 217, 275, 284, 345, 393
デュレーション ····································· 15
トラッキングの量 ····························· 220, 225
トラックマット ······························· 25, 295
トランスフォーム ························· 24, 45, 230
ドロップシャドウ ·································· 355

な行

塗り ·· 391, 406
ヌルオブジェクト ····················· 171, 265, 279

は行

パスのオフセット ··································· 165
パスのトリミング ························· 29, 189, 248
パスを結合 ······································· 119
パネルのレイアウト ································· 10
パララックス ····································· 343
範囲セレクター ····································· 20
被写界深度 ······································· 348
【ビデオ】スイッチ ······························· 59, 68
描画モード ······································· 364
【開く】ダイアログボックス ························· 37
【ファイルの読み込み】ダイアログボックス ····· 283, 371
【ファイルを収集】ダイアログボックス ············· 39
【フォルダーにファイルを収集】ダイアログボックス ··· 40
フォント ··· 12
フォーカス距離 ···································· 348
複製 ··· 26
フッテージの置き換え ······························ 38

【フッテージファイルを置き換え】ダイアログボックス ········ 38
不透明度 ··· 45
フラクタルノイズ ····························· 359, 363
ブラー＆シャープ ·································· 337
ブラー（ガウス） ·································· 337
プリセット ·· 15
プレビュー時間 ································· 18, 21
【プロジェクト】パネル ···························· 10, 38
プロジェクトを開く ································· 37
プロポーショナルグリッド ········· 146, 210, 351, 354
【平面設定】ダイアログボックス ················· 16, 24
ベクトルレイヤーからシェイプを作成 ············· 285
ベジェパスに変換 ·································· 137
別名で保存 ······································· 303
【別名で保存】ダイアログボックス ················ 34, 36
【ペンツール】 ···························· 28, 247, 353
保存 ··· 36

ま行

マット設定 ······································· 69
【文字】パネル ································· 10, 17, 27
モーショングラフィックス ··························· 8

や行

【横書き文字ツール】 ······························· 16
読み込み ································· 81, 283, 305

ら行

【ライト設定】ダイアログボックス ············· 290, 291
ラフエッジ ······································· 405
リンクの再設定 ···································· 38
レイヤーの移動 ···································· 20
レイヤーを分割 ························· 184, 251, 380

わ行

ワークスペース ···································· 11

サンプルファイルについて

本書の解説で使用しているファイルは、弊社のサポートページからダウンロードすることができます。

本書の内容をより理解していただくために、作例で使用するAfter Effects CCのプロジェクトファイル（.aep）や各種の素材データなどを収録しています。本書の学習用として、本文の内容と合わせてご利用ください。

なお、権利関係上、配付できないファイルがある場合がございます。あらかじめ、ご了承ください。

詳細は、弊社Webページから本書のサポートページをご参照ください。

本書のサポートページ

http://www.sotechsha.co.jp/sp/1248/

解凍のパスワード（英数字モードで入力してください）

AE2020mogra

●サンプルファイルの著作権は制作者に帰属し、この著作権は法律によって保護されています。これらのデータは、本書を購入された読者が本書の内容を理解する目的に限り使用することを許可します。営利・非営利にかかわらず、データをそのまま、あるいは加工して配付（インターネットによる公開も含む）、譲渡、貸与することを禁止します。

●サンプルファイルについて、サポートは一切行っておりません。また、収録されているサンプルファイルを使用したことによって、直接もしくは間接的な損害が生じても、ソフトウェアの開発元、サンプルファイルの制作者、著者および株式会社ソーテック社は一切の責任を負いません。あらかじめご了承ください。

※また、筆者が運営する以下のサポートサイトもご利用ください。

https://shin-yu.net/book-aemg/

著者紹介

● **川原 健太郎**（かわはら けんたろう）

シンユー合同会社 代表
1982年2月22日生まれ。兵庫県神戸市出身のモーションデザイナー。
動画を使ったプロモーションや販促、動画マーケティングの戦略構築と動画制作を一貫して行う。
また、映像制作ウェビナー「TORAERA」で講師としても活動し、「AfterEffects User Group for Japan」や「もーぐらふぇす」の運営にも携わる。

TORAERA
https://www.youtube.com/user/toraera
https://twitter.com/TORAERA_DOUGA

● **鈴木 成治**（すずき せいじ）

シンユー合同会社 映像エディター
1981年8月4日生まれ。京都府京都市出身。
ブライダルの音響、映像業務をきっかけに動画制作に興味を持ち映像業界へと足を踏み入れる。
現在、映像エディターとして編集をメインに活動中。

もーぐらふぇす
モーショングラフィッカーのための交流イベント「もーぐらふぇす」
お近くで開催される際には、ぜひご参加ください！

https://twitter.com/mografes1

プロが教える！ **After Effects**
モーショングラフィックス入門講座 CC対応

2019年9月30日	初版　第1刷発行
2020年6月30日	初版　第2刷発行

著　者	SHIN-YU（川原健太郎・鈴木成治）
装　幀	広田正康
発行人	柳澤淳一
編集人	久保田賢二
発行所	株式会社ソーテック社
	〒102-0072　東京都千代田区飯田橋4-9-5　スギタビル4F
	電話（注文専用）03-3262-5320　FAX03-3262-5326
印刷所	大日本印刷株式会社

ⓒ2019 SHIN-YU
Printed in Japan
ISBN978-4-8007-1248-6

本書の一部または全部について個人で使用する以外、著作権上、株式会社ソーテック社および著作権者
の承諾を得ずに無断で複写・複製することは禁じられています。
本書に対する質問は電話では受け付けておりません。内容の誤り、内容についての質問がございましたら、
切手・返信用封筒を同封の上、弊社までご送付ください。乱丁・落丁本はお取り替えいたします。

本書のご感想・ご意見・ご指摘は
http://www.sotechsha.co.jp/dokusha/
にて受け付けております。Web サイトでは質問は一切受け付けておりません。